少年游学

我爱你中国

日知图书◎编著

走遍祖国

北方妇女儿童出版社

·长春·

# 前言

少年应有鸿鹄志，当骑骏马踏平川！

中国地域辽阔，山川秀丽，历史悠久，中华民族数千年的繁衍生息谱写了神奇大地的美妙诗篇。少年是旭日东升的力量，绽放人生最铿锵的色彩。少年当不惧山河，仗剑走天涯。去看"星垂平野阔，月涌大江流"的恢宏壮阔；去感受"海到尽头天作岸，山登绝顶我为峰"的豪迈气概。正值年少的你，一定要去踏平山海，逐风挽浪；去追逐梦想，探索未知！

你是否想了解我国丰富多样的地貌呢？无论是沟壑纵横的黄土高原，还是沃野千里的华北平原；无论是浩瀚无垠的茫茫沙漠，还是人迹罕至的千年冰川……形态各异的地貌无不令人感叹造化的神奇。

你是否想知道我国有哪些迷人的地域风情呢？莽莽苍苍的塞北豪迈不已，美如画卷的江南温婉多姿，辽阔的中原大地浑厚质朴，清幽的岭南宁静祥和……不同地域，凭借各自得天独厚的自然条件，创造了绚丽多姿的文化。

你是否想去探寻我国创造奇迹的超级工程？奔赴宇宙的中国航天，遥望宇宙的中国天眼，气吞山河的三峡工程，跨江过海的中国大桥……这些上天入海的工程，正在改变世界。

你是否想畅游我国的动植物王国呢？高原上奔跑的精灵，海洋里的奇珍异宝，大显神通的本草植物，神奇的东方树叶……它们用自己独特的方式演绎着属于自己的生命故事。

满怀希望，扬帆起航。出发吧，在路上张扬青春，放飞梦想；在路上乘风破浪，不负韶华。生命因你的慨然奔赴而更加美好，世间因你的挺身而出更显瑰丽。愿你胸怀凌云志，不负少年时。

# 目录

# 山川地貌

中国地形多种多样，高原、山地、丘陵、盆地、平原这五种地形都有大面积的分布。地势分布西高东低，呈三级阶梯，自西而东，逐级下降。我国有四大高原，都集中分布在一二级阶梯上，各自呈现出不同的自然景观。

## 内蒙古高原

内蒙古高原表面开阔坦荡，相对高差只有 200 ～ 300 米，所以又称为内蒙古高平原。这里地势西高东低，南高北低，坦荡的平地与宽广的盆地相间，构成了辽阔的草原风光。几次地质运动造就了这片辽阔的土地，茫茫草海和珍珠般的白羊成了这里的符号。

### 青藏高原

青藏高原是中国面积最大的高原，也是世界最高的高原。它位于中国西部及西南部，面积约 250 万平方千米，平均海拔 4000 米以上，被誉为"世界屋脊"。青藏高原的形成与地球上最近一次强烈的、大规模的地壳运动——喜马拉雅造山运动密切相关，是世界上最年轻的高原。

喜马拉雅山位于青藏高原的南侧，是一条近似东西走向并向南延伸的弧形山系，也是世界上最高大的山系。其主峰珠穆朗玛峰在中国和尼泊尔交界处，海拔 8848.86 米，为世界第一高峰。

## 闻名世界的高山

**世界海拔最高的山脉** ●
喜马拉雅山脉
（最高峰：珠穆朗玛峰 8848.86 米）

**日本第一高峰** ●
富士山 3776 米

**世界最长的山脉** ●
安第斯山脉
（最高峰：阿空加瓜山约 6960 米）

黄土高原

## 云贵高原

云贵高原位于中国西南部，西北高东南低，平均海拔 1000 ~ 2000 米。根据地貌特征，云贵高原可分为东西两部分：东部贵州高原和西部云南高原。受金沙江、乌江、南盘江和北盘江等河水的侵蚀和地下水溶蚀作用，高原上有很多因地层断裂而形成的"断层湖"，云南的洱海和滇池就是其中的代表。这里还有世界典型的喀斯特地貌，其中最有名的是云南石林和安顺龙宫。

黄土高原位于中国中部偏北，是世界上最大的黄土沉积区，包括了太行山以西、洮河及乌鞘岭以东、秦岭及渭河平原以北、长城以南的广大地区，面积约40万平方千米。按地形差别，分陇中高原、陕北高原、山西高原等区。该高原黄土颗粒细，土质松软，富含可溶性矿物质养分，利于耕作，盆地和河谷农垦历史悠久。黄土高原是中国古代文化的摇篮。

▶ 欧洲西部最高的山脉
阿尔卑斯山脉
（最高峰：勃朗峰约 4810 米）

▶ 世界山岳冰川最发达的山脉
喀喇昆仑山脉
（最高峰：乔戈里峰 8611 米）

▶ 非洲第一高山
乞力马扎罗山脉
（最高峰：基博峰 5895 米）

# 聚宝盆——四大盆地

周围被山地或高地环绕的圆形或椭圆形的平坦低地就是盆地。我国盆地大小不一，高矮不同，蕴含的资源也有显著差异。我国最大的盆地是塔里木盆地，比我国某些省还要大，而一些小的山间盆地只有几平方千米。我国盆地中，有的农业发达，有的富含矿产资源……

## 准噶尔盆地

准噶尔盆地位于新疆维吾尔自治区北部，地处天山山脉、阿尔泰山脉及西部诸山间，是中国第二大盆地。盆地呈不等边三角形，东高西低。盆地西部为山地，有几处缺口，西北风吹入盆地，冬季气候寒冷，雨雪丰沛。盆地边缘为山麓绿洲，栽培作物多一年一熟，盛产棉花、小麦。盆地南缘冲积扇平原广阔，是新垦的农业区。准噶尔盆地内蕴藏着丰富的石油、煤和各种金属矿藏，盆地西部的克拉玛依油田是中国较大的油田；北部的阿尔泰山区盛产黄金。

## 塔里木盆地

塔里木盆地是我国面积最大的一处内陆盆地，它位于新疆维吾尔自治区南部，地势西高东低，四周分别被天山、昆仑山和阿尔金山环抱。从外形看，塔里木盆地呈不规则菱形分布，就像是大地之上的一只眼睛，静静地注视着天空。东部罗布泊湖是盆地最低洼处，湖面海拔 768 米。盆地北部有众多风蚀墩与风蚀凹地相间组成的雅丹地貌，大致与主风向平行。

主要分布在我国的西北部地区。

中国雅丹地貌面积约有 2 万平方千米。

## 柴达木盆地

柴达木盆地位于青海省西北部，西北部和阿尔金山相连，西南部有昆仑山脉，东北部有祁连山脉，这几处山脉将柴达木盆地环抱起来，它像一个嗷嗷待哺的婴儿，尽情地享受着三座山脉的庇佑和馈赠。作为我国地势最高的内陆盆地，柴达木盆地拥有丰富的自然资源，分布在东南部的盐湖沼泽，让这里成为"盐的世界"，再加上石油、煤炭和各种金属矿藏等资源，让柴达木盆地成了名副其实的高原"聚宝盆"。

柴达木盆地有很多奇特的景观，首屈一指的自然是雅丹地貌了。它是在长期外力风蚀作用下形成的风蚀地貌，原本平坦的地表，在风沙侵蚀下，逐渐变得沟沟壑壑，乍一看，就像被梳子梳理过一样，让它们拥有了最炫酷的发型。远看这片雅丹林，好似瀚海群鲸，又似船队破浪，更似森然古堡……奇幻万千，充满神秘之感。

## 四川盆地

四川盆地是中国著名的红层盆地，它在中国四大盆地中形态最典型、纬度最南、海拔最低。称它为"红层盆地"，是因为盆地地表覆盖着大面积的中生代紫红色砂岩与泥岩，而且它也是中国中生代陆相红层分布最集中的地区。盆地东部被盆周山地环绕，西部则是地域辽阔、地势高峻的川西高原和川西南山地。四川盆地边缘山比较多，山势陡峻，地表崎岖不平。李白《蜀道难》中"蜀道难，难于上青天"的诗句，就是对这块土地的生动描绘。

# 沙漠里的世界

你小时候是不是也喜欢玩沙子？有一个地方，那儿有许多许多的沙子，它就是沙漠。你能想象吗，眼前能看到的几乎只有沙子。那么，沙漠是怎样形成的呢？沙漠里有什么动物和植物呢？

## 荒漠地貌剖面图

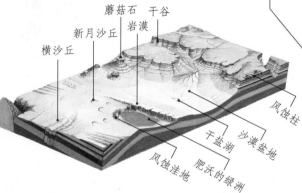

横沙丘
新月沙丘
岩漠
蘑菇石　干谷
风蚀柱
沙漠盆地
干盐湖
风蚀洼地
肥沃的绿洲

## 沙子从哪儿来

沙漠地表多沙丘，有时也会出现沙下岩石。那这些沙子是从哪儿来的呢？它们主要由岩石风化而成。白天，太阳炙烤着岩石；夜晚，气温骤降，岩石随之变凉。岩石一年年地经历热胀冷缩，渐渐变脆，最终碎裂成沙砾。在干旱、多风的环境中，细小的沙子随风滚动聚集成沙丘，越来越多的沙丘便形成了沙漠。

## 沙丘的头部和尾部

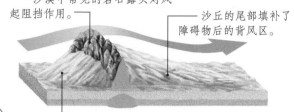

沙漠中常见的岩石露头对风起阻挡作用。

沙丘的尾部填补了障碍物后的背风区。

沙在障碍物前堆积起来，形成沙丘的头部。

## 沙丘

沙丘是最典型的风积地貌，构成了沙漠中的主要地形。沙丘常常被以它们的形状来命名，例如：星状沙丘、新月形沙丘、沙垄等。按照沙的数量、风向的变化和植被的数量等条件，沙丘的类型大致分为3种：横向沙丘、纵向沙丘和多方向风作用下的沙丘。新月形的沙丘属于横向沙丘，沙垄属于纵向沙丘，而星状沙丘则属于第三种。

## 中国最大的沙漠

在新疆维吾尔自治区南部的塔里木盆地中心，坐落着一片一望无际的大沙漠——塔克拉玛干沙漠，它是我国最大的沙漠，也是世界上第二大的流动沙漠。

塔克拉玛干沙漠有明显的大陆性干旱气候特征，夏季炎热、冬季寒冷。在烈日炎炎的白天，塔克拉玛干沙漠的表面温度非常高，整个沙漠宛如一个大火炉，周围的空气都散播着滚滚热浪。

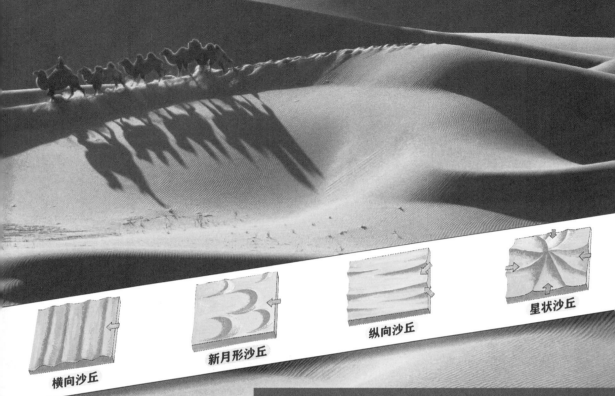

横向沙丘

新月形沙丘

纵向沙丘

星状沙丘

## 会"唱歌"的沙子

在一些沙漠地带，当人们在沙丘上滑动时，沙丘会发出奇异的响声。中国有四座著名的鸣沙山，分别是甘肃敦煌的鸣沙山、内蒙古达拉特旗的银肯塔拉响沙湾、宁夏中卫的沙坡头和新疆巴里坤鸣沙山。

敦煌鸣沙山月牙泉

## 沙漠里的动物和植物

因为缺少水源，沙漠让很多动物都望而却步。但有些动物却很顽强，比如骆驼、沙漠蜥蜴、沙漠地鼠龟、响尾蛇等。有些动物甚至可以连续几天不吃不喝。沙漠里的很多动物都有剧毒。同样，也有很多顽强的植物在这里生存，为了减少蒸腾作用的耗水量，这些植物的叶片都缩得很小，有的甚至完全退化，比如仙人掌的叶子就变成了针一样的硬刺。除了仙人掌，芦荟、胡杨、红柳、沙棘也是沙漠里常见的植物。

沙漠小蜥蜴

9

# 中国四大海域

如果打开世界地图找到中国的位置，我们可以看中国位处于亚洲的东部，旁边正是太平洋。而中国四大海域从北向南像一条弧线般散布在我国大陆边缘，它们分别被命名为渤海、黄海、东海和南海。

## 渤海

冬季常出现结冰现象，是中国冰情最重的海域。

它是我国的内海，三面环陆，东部与黄海相连，形状就像是一个葫芦。

渤海的特殊地形和地质环境，使它成为多种鱼、虾、蟹的天然"聚宝盆"。人们在这里建立了大型海洋水产的养殖基地，这里也是我国最大的盐业生产基地。

渤海捕鱼船

渤海冬天为什么会结冰？

它纬度高，冬天比较冷。

## 黄海

如果我们乘船越过渤海海峡往东再转南，一片黄色的海洋——黄海就会出现在我们面前。

受长江、淮河、沂河等影响，黄海含沙量大，近岸海水呈黄色。

黄海的生物种类繁多，数量庞大，因此这里形成了多处良好的渔场。青岛、日照、连云港等都毗邻黄海，是我国重要的港口城市。

## 东海

　　东海在黄海的南面，明朝时曾被叫作大明海，色彩绚丽而多变是它的特点，仿佛是一个巨大的调色盘。

　　在它的东南部，有着从太平洋奔腾而来的黑潮暖流，犹如一条蜿蜒而上的蓝黑色彩带。在其西北部，则是滚滚长江水裹着混浊的泥沙向海中尽情倾泻，色泽微黄。

　　东海的中央海域，其海水在黑潮和长江泥沙混合后呈现一片青绿色。大大小小的岛屿散落在海面上，海岸曲折，悬崖高耸，这一切使得东海的风光分外壮阔美丽。

### 游学云课堂
### 守护海洋

　　我们平时使用的塑料吸管、塑料袋等很多最后都汇入了海洋，成为让海洋动物窒息的杀手。我们应提升海洋环保意识，一起守护蓝色的大海！

## 南海

　　南海是我国最大、最深的近海，它的面积是其他三大海域总面积的约2.9倍。

　　它的地理位置所形成的自然环境非常适合珊瑚繁殖，因此在海底形成了许许多多美丽的珊瑚礁。著名的东沙群岛、西沙群岛、中沙群岛和南沙群岛都在这里。

　　南海水产十分丰富，盛产黄鱼、墨鱼、带鱼等，而最让人称奇的是，这里的鱼儿很少会游到其他海域去，好似它们也依恋家乡。

# 奔腾的长江与黄河

这里还盛产野生黄河鱼呢。

黄河第一湾真是个水草丰美的地方。

黄河第一湾

　　江河奔流，在中国大地上画出悠长的画卷。它们源于高山，纵贯山间平原，冲刷着大地，浪花起舞，暗涌弹奏，轰鸣着从历史深处涌来，同时也带来了灿烂的文明。不同地域的江河，有不同地域的风采，让我们一睹为快吧。

## 长江三峡

　　人们经常说长江三峡，那你知道长江三峡指的是哪三峡吗？长江三峡指的是瞿塘峡、巫峡、西陵峡，全长 193 千米。其中，瞿塘峡是三峡中最短、最窄、最险的一个峡谷，有"瞿塘天下雄"之称；巫峡是三峡中最长、最整齐的一个峡谷。

长江三峡巫峡

## 亚洲第一长河——长江

长江发源于青藏高原的唐古拉山脉主峰各拉丹冬峰西南侧，横贯中国 11 个省级行政区，在上海市注入东海，是亚洲第一长河，世界第三长河。长江干流横贯东西，支流众多，水量丰沛，中下游江阔水深，常年无冰冻，通航里程约占全国内河航道总里程的 2/3，是名副其实的"黄金水道"。

长江源头沱沱河

### 游学云课堂
### 黄河流域最早的文字

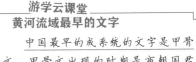

中国最早的成系统的文字是甲骨文，甲骨文出现的时期是商朝国君盘庚迁都于殷（今河南安阳西北）之后。殷是商朝统治的主要区域，属于黄河流域，这证实了黄河是中华文明源头之一的观点。

## 母亲河——黄河

黄河发源于青藏高原上的巴颜喀拉山北麓，它像一个巨大的"几"字，又像中华民族的龙图腾，流经中国 9 个省级行政区后注入渤海，全长 5464 千米，是我国第二长河。黄河是当之无愧的"母亲河"，其流域气候湿润，土地肥沃，华夏先民在这里繁衍生息，创造了华夏文明。

黄河源头鄂陵湖

宁夏中卫沙坡头黄河大拐弯

## 黄河也不全是黄的

黄河上游水较清澈，到中游水色才变浑黄，因为它在穿行黄土高原的过程中裹挟了大量泥沙。黄土高原大都覆盖着厚层的黄土，土质疏松，每逢暴雨，会有大量泥沙进入黄河，清澈的河水就变成了黄色。

# 湖泊也有咸与淡

中国湖泊众多，主要分布于东部平原、青藏高原、内蒙古和新疆地区、云贵高原及东北地区。根据湖水含盐量和矿化度的不同，湖水有咸淡之分，即咸水湖和淡水湖。

## 八百里洞庭

洞庭湖位于湖南省北部，是中国第二大淡水湖。由于湖中有一座君山，原名洞庭山，该湖便有了洞庭湖一名。在古代，洞庭湖享有"八百里洞庭"的美誉。它是长江流域重要的调蓄湖泊之一，对长江流域的泄洪工作起着十分重要的作用。此外，洞庭湖还是我国著名的鱼米之乡，这里物产丰富，是我国重要的水产养殖基地。

## 中国最大的咸水湖

我国最大的内陆咸水湖——青海湖，坐落在青藏高原的东北部，它四面环山——东面是日月山，西面是橡皮山，北面是大通山，南面是青海南山。这四座大山将青海湖严严实实地围起来。从高空向下俯瞰，青海湖就像是一颗镶嵌在四座大山之间的蓝宝石，湖面上波光粼粼，就是这颗宝石发出的耀眼光芒。

### 游学云课堂
### 世界最咸的湖

在所有咸水湖中，死海的含盐度是最高的，达到300～332，为一般海水的8.6倍。因为死海湖中及湖岸盐分含量高，所以鱼和其他水生动植物都不能在这里生存。因此，人们将这里叫作"生命的禁区"。令人称奇的是，人可以浮于水上而不沉。

## 中国最大的淡水湖

鄱阳湖是中国最大的淡水湖，位于江西省北部、长江以南。湿润季风型气候，赐予了鄱阳湖得天独厚的自然环境，每年的 11 月至来年的 3 月，在其他地方银装素裹的时候，这里却成了候鸟的乐园。作为世界最大的候鸟栖息地，鄱阳湖汇集了多种鸟类，其中不乏白鹤、黑鹳、大鸨、白琵鹭等濒危物种。

## 色林错

色林错是西藏自治区第二大湖泊，它分布在冈底斯山的北麓，湖形非常不规则，湖泊流域内分布着多条河流，形成了一个密集的内陆湖群。在色林错，生活着许多珍稀的濒危生物，黑颈鹤、雪豹、藏羚羊、盘羊、藏雪鸡、藏野驴等国家级保护动物，都栖息于此。

## 洪泽湖

洪泽湖位于江苏省西部，苏北平原中部西侧，是中国第四大淡水湖。洪泽湖是一个浅水型湖泊，最深处 4.73 米，贮水量 28 亿立方米，湖底高出东部苏北平原 4 ～ 8 米，又被称为悬湖。洪泽湖是大型水库，物产丰富，素有"日出斗金"的美誉，是苏北平原上的一颗明珠。

# 冰冻星球

冰川是由积雪转化而成的。在寒冷的极地或高山地区，雪线以上有着大量的积雪，它们终年不化，积累到一定程度后，就会沿着斜坡缓慢流动，形成冰川。

## 中国最大的冰原——普若岗日冰原

普若岗日冰原坐落在有"世界屋脊"之称的青藏高原，它的冰川覆盖面积超过了 400 平方千米。普若岗日冰原不仅是中国最大的冰原、世界上最大的中低纬度冰川，也是世界上仅次于南极和北极的第三大冰原冰川。

## 中国冰川面积最大的山系——昆仑山

在中国西部、有"亚洲脊柱"之称的昆仑山上有 10 条面积超过 100 平方千米的大型冰川，昆仑山的冰川加在一起，面积占到了整个中国冰川面积的 20% 以上。昆仑山冰川里的水资源几乎全部供给了内流河，是塔里木盆地的生命之源。

### 冰川的形成

雪线以上的部分是积累区，雪线以下的部分是消融区。

### 冰裂缝

冰川在流动的过程中所形成的裂缝，受冰川厚度的影响，有深有浅。

### 冰舌

这是冰川的前端，虽然在不断融化，但同时后面的冰川又会源源不断地补上来，形成了多姿多彩的冰世界。

**大陆冰川**

**游学云课堂**
**冰川的类型**

冰川大体上可分为山岳冰川和大陆冰川，山岳冰川又分为冰斗冰川、悬冰川和山谷冰川等。中国境内的冰川都是山岳冰川，大陆冰川主要发育在南极大陆和格陵兰岛。

地球上大概有 11% 的陆地是冰川，冰川储存着地球上近 69% 的淡水资源，是地球上最大的淡水水库。中国是世界中低纬度冰川大国，是世界中低纬度冰川数量最多的国家。

## 山岳冰川

冰斗冰川
山谷冰川
山麓冰川

## 中国冰川最多的山系——天山

天山冰川是世界上主要的山岳冰川分布区之一，天山在中国境内的长度约有 1700 千米，而位于中国境内的天山冰川有 7000 条，面积超过了 10000 平方千米，天山的冰川是天山天然水库，滋润着山下的绿洲。

### 冰川的流动

冰川的移动速度很慢，肉眼几乎观察不到。不同的冰川流动速度不同，同一冰川不同部位的流速也不同。

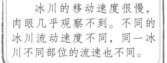

## 中国最大的平顶冰川——古里雅冰川

平顶冰川是在平坦的山脊或山顶平原上发育起来的，位于西昆仑的古里雅冰川总面积达到了 300 多平方千米，是亚洲中部目前发现的面积最大的平顶冰川，也是到目前为止，在中国发现的最稳定的冰川。

## 中国落差最大的冰瀑布——海螺沟冰瀑布

位于四川境内的贡嘎山主峰海拔高 7556 米，不仅是四川的第一高峰，还是横断山脉的最高峰，110 多条冰川卧在这里，其中，最长的就是海螺沟冰川，是亚洲位置最东的低海拔现代冰川。在这条冰川的上端，有一条冰瀑布，高 1080 米，最宽处 1100 米，是中国目前已知的落差最大的冰瀑布。

# "不请自来"的火山

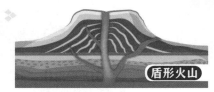

**盾形火山**

全部或基本上由火山熔岩组成，坡度在3°~10°，顶部是一片平坦的地面，有一个宽浅的火山口。

你能想象一条条闪闪发光的火蛇从山顶沿着山坡向下奔流的场景吗？它炽热的温度，足以把坚硬的钢铁熔化。山顶像个巨大的烟囱口，浓浓的烟灰、火焰不停地往外涌，让人胆战心惊。看！火山爆发啦！

地球内部板块的相对运动加速了地下岩浆的活动，它们被挤出地面，形成火山喷发。这闪光的火蛇就是熔化了的岩石，即岩浆。岩浆冷却固化后可形成不同的火山岩。

每一座火山都有属于自己的外貌和性格，有的像对称的圆锥，有的火山口平平的像案板，有的火山口有个凹陷的湖，真是奇妙！

火山灰和火山云

细长的地面裂缝也有岩浆喷出。

盾形火山

## 岩浆冷却固化后形成的岩石

**浮石**

**黑曜岩**

**安山岩**

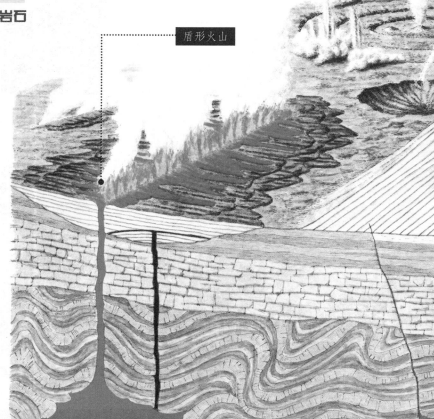

**马尔湖式火山**

多因水蒸气爆炸而成，火山口常积水成湖，即马尔湖。

**穹形火山**

黏性很强的岩浆相对缓慢地喷出地面，堵塞在火山口内，并向外聚集膨胀，呈穹隆状。

快速喷出来的岩浆像"炸弹碎片"般四散飞溅。

火山口附近有岩浆翻腾起泡，也有水蒸气及其他气体。

不断涌出的岩浆会在火山口边缘继续堆积。

火山通道

多层火山碎屑和熔岩不断堆积，形成锥状火山。

断层

岩浆库，遇到地壳活动时，岩浆从火山通道往上升。

# 东南西北

北京是中国的七大古都之一，也是世界历史文化名城。作为燕国、辽国、金国、元朝、明朝、清朝的都城和中华人民共和国的首都，北京长期以来一直是中国的政治文化中心。悠久的历史与灿烂的文明给北京留下了大量的文物古迹，让人回味无穷。

简称：京　面积：1.64 万平方千米
地理位置：华北平原的北部
主要气候类型：温带季风气候

## 卢沟桥

卢沟桥横跨永定河，迄今已经有 800 余年的历史，是北京现存最古老的石造联拱桥。这座桥一共有 11 个桥拱。桥栏由望柱与栏板连接而成，每根望柱顶端都刻有狮子。1937 年，日本侵略者在这里发动了卢沟桥事变，这些石狮子成了日本全面侵华战争开端的历史见证。

## 东方园林之最颐和园

颐和园不同于其他皇家园林，它以杭州西湖为蓝本，是一座名副其实的山水园林。清乾隆十五年（1750），乾隆皇帝为庆祝生母崇庆皇太后的 60 大寿，始建清漪园，历时 15 年竣工。1860 年，清漪园被英法联军焚毁。重建后于光绪十四年（1888）改称颐和园。

## 气势磅礴的万里长城

在春秋战国时代，一些诸侯国为了防御外敌，开始修筑烽火台，并且利用城墙进行连接，从而形成了最早的长城。历史上规模最大的修建是在秦朝。此后，几乎历朝都有加固增修，明朝最盛。

### 游学云课堂
### 秦朝修建长城

秦朝时，秦始皇动用了占当时全国总人口二十分之一的近百万人修筑长城。在崇山峻岭中，他们没有先进机械，仅靠人力完成了这项浩大的工程。

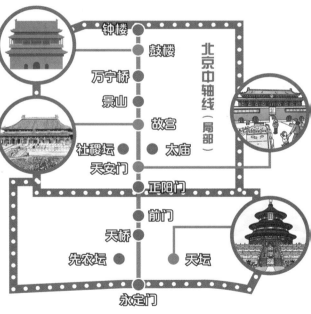

北京中轴线（局部）

钟楼
鼓楼
万宁桥
景山
故宫
社稷坛　太庙
天安门
正阳门
前门
天桥
先农坛　天坛
永定门

具有 700 多年历史的北京中轴线，如同一根脊梁纵贯北京城，它南起永定门，北端为北京鼓楼、钟楼，2008 年以后，中轴线的最北端延伸到了鸟巢、奥林匹克森林公园等。这些气势恢宏的城市建筑群见证了北京的辉煌历史，对于北京这座千年古都意义非凡。

## "万园之园"圆明园

圆明园这座清朝著名的皇家园林，有"万园之园"之称。圆明园始建于 1709 年，是康熙帝赐给尚未即位的胤禛（雍正帝）的园林。后来的乾隆帝又增建了长春园，并将绮春园并入，圆明三园的格局形成。圆明园于 1860 年遭英法联军焚毁，如今仅余断壁残垣。

21

# 九州腹地——河南

简称：豫　省会：郑州
面积：16.7万平方千米
地理位置：位于中国中部，黄河中下游
主要气候类型：温带季风气候，亚热带
季风气候

河南地处黄河中下游，大部分在黄河以南，所以叫"河南"。河南古代位居九州之中，又称"中原"，是华夏民族的发祥地之一。河南人民在古老的中原创造了光辉灿烂的中国古代文化，为后人留下了丰厚的文化遗产。

## 古都洛阳

洛阳是中国古都之一。历史上的东周、东汉、三国魏、西晋、北魏、隋、唐（武则天）、后梁、后唐九个朝代都先后定都于此，号称"九朝古都"，是中国历史上建都时间最长的城市。东汉、魏、晋、隋、唐时代，洛阳是中国乃至全亚洲的经济、文化中心。

### 游学云课堂
### 始于开封的《水浒传》

四大名著中的《水浒传》与开封有密不可分的联系。小说描写了北宋年间以宋江为首的108位梁山好汉起义征战、聚义并最终接受招安的故事，当时的都城开封也是故事的重要发生地。著名的"鲁智深倒拔垂杨柳""林冲误入白虎堂""杨志州桥卖刀"等都是发生在开封的情节，如果你有兴趣，不妨去读读。

## 七朝古都开封

开封地处中原要地，地理位置优越，水陆交通发达，自春秋时期建城以来，已经有2000多年的历史，战国魏，五代梁、晋、汉、周，北宋及金朝都在或曾在开封建都，故称为七朝古都。开封市内有相国寺、铁塔、龙亭大殿、禹王台、山陕甘会馆等名胜景观。

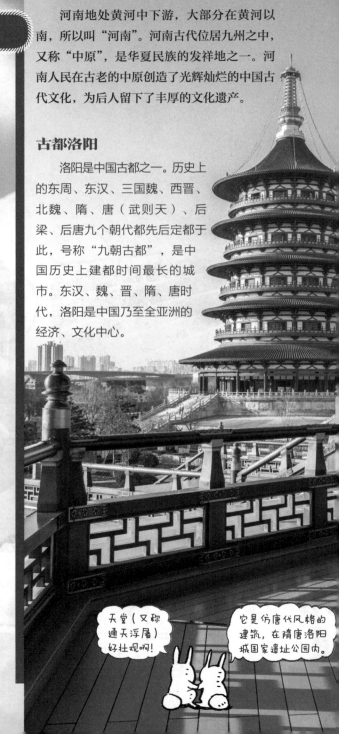

天堂（又称通天浮屠）好壮观啊！

它是仿唐代风格的建筑，在隋唐洛阳城国家遗址公园内。

## 龙门石窟

  龙门石窟始凿于北魏孝文帝时期，历经多个朝代，雕凿不断，东西两山现存窟龛共 2300 多个，全山造像 10 万余尊。古代的艺术匠师们创制了形态各异的艺术形象，为研究中国的雕刻艺术提供了珍贵的实物资料。

## 中岳嵩山

  嵩山位于河南省西部登封市境内，由太室山和少室山组成，东西绵延 60 多千米。嵩山雄伟险峻，气势磅礴，自古有中岳之称，是中国五岳名山之一。嵩山名胜古迹遍布，其中有少林寺、北魏嵩岳寺塔、汉封"将军柏"等，嵩山还是中国禅宗的发源地，而位于嵩山的少林寺则堪称富有传奇色彩的古老寺院。少林武功精绝，是中国武学的主要流派之一。

## 白马寺

  白马原寺有中国佛教的"祖庭"之称，是佛教传入中原后第一座官办寺院，寺虽不大，但历史悠久，楼阁轩丽、蔚为壮观。寺中有一组堪称镇寺之宝的夹纻干漆佛像。这组佛像的工艺叫作"夹纻干漆"，是用生漆、苎麻、石粉等原料在泥塑出来的模型上进行涂抹彩绘，再将泥塑模型从中取出，这样制成的佛像，具有重量轻、上色鲜艳、结实耐腐蚀等特点，实在令人叹为观止。

# 齐鲁大地——山东

山东省地理位置优越，全省包括半岛和内陆两部分。山东省是中华文明的重要发祥地之一，独具特色的齐鲁文化对中国传统文化影响至深，时至今日，世人还响亮地称山东为"齐鲁之邦"。孔子和孟子这两个中国儒学的伟人，都诞生在这片土地上。

十八盘是泰山登山盘路中最险的！

泰山十八盘

| 简称：鲁 省会：济南 | 地理位置：在中国东部沿海，东临黄海，北濒渤海 |
|---|---|
| 面积：15.7万平方千米（陆地） | 主要气候类型：温带季风气候 |

## 挺拔雄奇的泰山

"会当凌绝顶，一览众山小"的泰山，位于山东省中部，古名岱山。泰山的自然景观雄伟绝奇，有数千年精神文化的渗透渲染和人文景观的烘托，被誉为中华民族精神文化的缩影。泰山山势挺拔雄奇，山间有飞瀑松涛、景色壮丽。泰山雄伟的山势使它的日出显得尤其壮观，旭日东升是岱顶奇观之一，也是泰山的重要标志。

## 济南趵突泉

济南作为山东省的省会，在新石器时代就是龙山黑陶文化的发祥地，素有"齐鲁雄都"之称。济南市内多名泉，故又有"泉城"之称。有趵突泉、珍珠泉、黑虎泉和五龙潭四大泉群，共有72名泉，其中趵突泉最大、最壮观，是最早见于古代文献的济南名泉。

## "帆船之都" 青岛

青岛位于山东省东部，是中国的优良海港之一。青岛原本是一渔村，自清朝在此设防开始，其规模不断扩大，现已成为山东省最大的综合性工业城市和港口。2008 年第 29 届北京奥运会和第 13 届北京残奥会两次大型国际帆船比赛都在青岛举办，也让这座海滨城市被大家称为 "帆船之都"。

## 孔子与孔庙

孔子名丘，字仲尼，是中国古代伟大的思想家、教育家、政治家，是对中华文明影响深远的儒家文化的创始者。由于孔子的缘故，小城曲阜也成了中国最重要的历史文化名城之一。这里修建有全国规模最大的祭祀孔子的地方——孔庙，现已被列入《世界遗产名录》。

## 鸢都潍坊

潍坊是著名的鸢都，制作风筝的历史非常悠久。2006 年，潍坊风筝制作技艺列入第一批国家级非物质文化遗产名录。国际风筝联合会组织总部也设在了潍坊，潍坊成为世界风筝文化交流的中心。每年的 4 月，国内规模最盛大的国际风筝节便会在潍坊轰轰烈烈地拉开序幕。

## 先秦七子知多少

春秋战国时期，百家争鸣，人才辈出，涌现出了许多大学问家，他们给后世留下了深远的影响，最为突出的是先秦七子，他们分别是：

**老子** ► 老子是道家学派的创始人，被道教尊为始祖，称为 "太上老君"。老子在《道德经》中第一次提出了 "道" 的哲学学说，主张 "无为" 的道家思想。

**孔子** ► 他开创了儒家学派，提出了 "仁" 的学说，其思想后来成为中国 2000 多年封建文化的正统思想。孔子开创了兴办私学的先例，有 3000 多名学生，并教导出 72 位贤人，一生 "桃李满天下"。

**庄子** ► 道家学派的代表人物，继承老子思想，与老子并称 "老庄"。他认为 "道" 是无限的，事物有其自生自灭的规律，否认有神的主宰，代表作有《逍遥游》。

**孟子** ► 儒家学派的代表人物，对孔子推崇备至，他把孔子 "仁" 的修己观念发展为 "仁政" 的治人学说。主张以德服人的 "王道"，反对以力服人的 "霸道"。

**墨子** ► 墨家学派创始人和主要代表人物。是儒家的主要反对派，反对儒家有差别的 "仁爱"，提倡无差别的 "兼爱"，反对战争。

**荀子** ► 继承儒家学说，并自成一派，与孟子的观点大相径庭，他认为人性本恶。

**韩非子** ► 法家学派代表人物，荀子的弟子。为服务统治者，他主张强化君主权威，实行思想文化专制。

# 一河分东西——山西、陕西

简称：晋　省会：太原
面积：15.6万平方千米
地理位置：黄河流域中部
主要气候类型：温带季风气候

山西省地处黄河中游，属于黄河流域的中原文化圈。悠久的历史与滔滔的黄河，造就了三晋之地古朴淳厚的民风，在中华民族的历史上留下了深刻的烙印。

壶口瀑布

## 世界最大的黄色瀑布

壶口瀑布位于黄河中游秦晋峡谷之中，是中国的第二大瀑布。壶口两岸苍山夹道，万里黄河到了这个形状似一把壶的狭窄通道，从20米落差的黄河壶口飞流直下，铺天盖地地倾泻到大石潭中，景象蔚为壮观。

## 晋祠

晋祠在北魏时已有记载。这里殿宇、亭台、楼阁、桥树互相映衬，山环水绕，文物荟萃，古木参天，是一处风景十分优美的古建园林，作为国家少有的大型祠堂式古典园林而驰名中外。祠内的难老泉、宋塑侍女像和圣母像被誉为"晋祠三绝"。

## 北岳恒山

恒山位于山西省东北部地区，相传舜帝巡游来到恒山，见山势险峻峭拔，于是封这座山为"北岳"。恒山景色雄奇秀美，东西两峰之间的石缝，古代曾是进出中原地区的大门。建于北魏时期的悬空寺，高悬于恒山的峭壁之上，是一大建筑奇观。

## 云冈石窟

云冈石窟位于山西省大同市西郊武周山北崖，石窟依山开凿，东西绵延1000米，现存主要洞窟53个，石雕造像5.1万余尊，是中国规模最大的古代石窟群之一。云冈石窟开凿于北魏年间，以气势宏伟、内容丰富、雕刻精细著称于世，已被列入《世界遗产名录》。

简称：陕或秦　省会：西安
面积：20.56 万平方千米
地理位置：位于中国内陆腹地，黄河中游地区
主要气候类型：温带季风气候　亚热带季风气候

陕西省因其位于陕陌（今三门峡市陕州区西南）之西而得名，地处中国中部。是中华文明的发祥地之一，先后有 14 个王朝在陕西建都。省内有多处古人类文化遗址遗迹，是举世闻名的杰作。

## 秦岭的两副面孔

秦岭是位于中国中部的东西走向的古老褶皱断层山脉。秦岭山地是中国气候上的南北分界线，秦岭以南河流不冻，植被以常绿阔叶林为主。以北为黄土高原，河流冻结，植物以落叶阔叶林为主。秦岭有四宝，即生活在秦岭的四种动物：朱鹮、大熊猫、金丝猴、羚牛。

秦岭

## 古都西安

西安古称长安，历史上先后有 10 余个朝代在这里建都，使之成为名副其实的古都。西安是古代"丝绸之路"的起点，也是自古以来中国与世界各国进行交流的重要城市，保存着众多的文物古迹和奇珍异宝，堪称一座立体的历史博物馆。

## 大雁塔

大雁塔坐落于西安的慈恩寺内，是唐代高僧玄奘为保存从天竺（今印度）带回长安的佛像和经卷等主持修建的，是我国现存最早、规模最大的唐代四方阁楼式砖塔结构的佛塔。

## 地下军团

兵马俑坑是秦始皇陵陪葬坑之一，也是世界上最大的地下军事博物馆。目前已发掘了 3 个俑坑，其中武士俑 800 余件，还有战车、战马和各种兵器。这些兵马俑都是仿真人真马的尺寸制成，兵俑的平均身高在 1.8 米左右。

# 马背上的内蒙古

内蒙古自治区位于中国北部边疆地区，全区面积仅次于新疆维吾尔自治区和西藏自治区，居全国第三位。

## 呼伦贝尔草原

呼伦贝尔草原位于内蒙古自治区东北部的呼伦贝尔市，形状酷似鸡冠，被誉为"北国碧玉"。呼伦贝尔得名于呼伦和贝尔两大湖泊，呼伦的蒙古语大意为"水獭"，贝尔的蒙古语大意为"雄水獭"，因为过去这两个湖盛产水獭，故有此名。呼伦贝尔草原是世界著名的三大草原之一。这里地域辽阔，风光旖旎，水草丰美，纵横交错的河流与星罗棋布的湖泊，组成了一幅绚丽的画卷。

| | | | |
|---|---|---|---|
| 简称：内蒙古 | 首府：呼和浩特 | 地理位置：我国北部边疆 | |
| 面积：118万平方千米 | | 主要气候类型：温带大陆性气候 | |

## 呼和浩特

呼和浩特的蒙古语意为"青色的城"。呼和浩特是一座具有鲜明民族特点和众多名胜古迹的塞外名城。蒙古族、汉族以及其他少数民族的文化都在这里交融。独特美妙的自然风光，丰富多彩的民族文化，历史积淀深厚的古迹名胜，豪迈悠扬的蒙古族音乐，精彩纷呈的蒙古式摔跤，构成了这座城市独特的风格。

## 蒙古包

蒙古包内部

蒙古包是蒙古族牧民的传统民居。蒙古包有圆形尖顶，在顶部和四周覆盖着厚毡，起保温聚热的作用。别看蒙古包个头不大，但小的蒙古包也可容纳 20 人。同时，蒙古包还具有非常好的采光条件，并且冬暖夏凉、便于建造和迁移，非常适合蒙古族牧民的游牧迁徙生活。

## 草原上的风云人物

在内蒙古广袤的大草原上，有过很多英雄人物，最为人们所熟知的便是成吉思汗。成吉思汗本名铁木真，他使草原部落一一臣服，实现了空前的大一统，建立了蒙古汗国，并择人创立了蒙古文，被尊为成吉思汗。元朝建立后，他被尊封为元太祖。人们为了纪念他建了成吉思汗陵，简称成陵，它由三个蒙古包式的宫殿建筑组成，前身为供祭祀用的"八白室"。

**成吉思汗**

你知道元朝的开国皇帝是谁吗？

忽必烈，成吉思汗的孙子。

## 古老的交通工具勒勒车

勒勒车又被称作罗罗车、牛牛车，这是蒙古族使用的一种较为古老的交通运输工具，"勒勒"是模仿牧民赶车吆喝牲畜的声音。勒勒车的结构相对简单，主要由上脚和下脚两部分组成，车身较小，便于制造和修理。根据上脚部分的不同，勒勒车可分为轿车、箱车和货车。

## 草原盛会那达慕

每年在水草丰美、牛羊肥壮的黄金季节，蒙古族同胞都会举行那达慕大会，大会上有丰富的民族传统项目。

◆

### 蒙古象棋

蒙古象棋有点像国际象棋，棋子被雕刻成逼真的人物、牲畜、战车的模样，很有草原特色。

### 马头琴

马头琴是一种两弦乐器，因琴头雕饰马头而得名，是蒙古族同胞喜爱的乐器。

### 蒙古式摔跤

蒙古语将蒙古式摔跤称作"搏克"，摔跤手们脖颈上套着大大的项圈，上面缠着彩色绸缎，代表曾获得过殊荣。

### 烤全羊

烤全羊是那达慕大会少不了的美食，它是蒙古族的传统名菜，曾是元朝宫廷御宴"诈马宴"中不可缺少的美食。

# 大美新疆

新疆维吾尔自治区是中国面积最大的省区，也是国界线最长的省区，古称西域，意为西部疆域。生活在这里的人们创造了别具风情的地区文化，楼兰古城、高昌古城等诸多遗址就是新疆历史的最好见证。

游学新疆

简称：新　首府：乌鲁木齐
面积：约166万平方千米
地理位置：中国西北部地区、亚欧大陆腹地
主要气候类型：温带大陆性气候

## 神秘的楼兰古城

楼兰古城位于新疆若羌县境内罗布泊以西，以其神秘色彩吸引了无数学者与探险家。早在西汉时期，罗布泊地区有一个楼兰国，它的城郭——楼兰城，曾经是古丝绸之路上重要的交通枢纽。但是这样一座活跃了几个世纪的城市，到公元4世纪后竟然完全消失于历史记载中，淹没于荒漠中。

## 没有过不去的火焰山　▶▶▶

人们常常用"没有过不去的火焰山"来比喻没有不能克服的困难。火焰山位于吐鲁番盆地，维吾尔语意为"红山"，因夏季干热，偏红的山体像火焰一般炽热，由此得名。在《西游记》这部神话小说里，孙悟空踢翻了太上老君的炼丹炉，带着炉火的砖块落到人间后形成了火焰山。

## 地下水利工程坎儿井

在吐鲁番的戈壁滩上，有一种特殊的井——坎儿井。它是一种维系绿洲生存的特殊灌溉系统，也是独特的地下水利工程。由竖井、地下暗渠两部分组成，是一排排垂直打在一条条地下水渠上的竖井。坎儿井的出现与吐鲁番盆地的地理环境有关。吐鲁番虽然酷热少雨，但盆地周围的雪山在夏季时有大量冰川融水流向盆地，渗入戈壁，汇成潜流，为盆地提供了丰富的水源。但吐鲁番盆地每年巨大的蒸发量不利于地表水的保存，于是当地的居民利用吐鲁番的地质特点，在高山雪水潜流处打出坎儿井，引水下流。

## 天山山脉

天山山脉是亚洲中部的大山系，横贯新疆维吾尔自治区中部。山脉呈东西走向，海拔 3000～7500 米。汗腾格里峰地区是天山最高耸的山区，位于西段的托木尔山峰是天山山脉的最高峰，海拔 7443 米。天山隆起于塔里木盆地和准噶尔盆地之间，成为气候的重要分界。其北侧较湿润，南侧干旱。

**坎儿井模型**

## 美丽的喀纳斯湖

**喀纳斯月亮湾**

喀纳斯自然保护区位于新疆北部的阿尔泰山脉深处，喀纳斯湖是自然保护区的重要组成部分。喀纳斯湖的形状像一弯月牙，环湖四周峰峦叠嶂，原始森林密布，阳坡被茂密的草丛覆盖。在北端的入湖三角洲地带，有大片的沼泽湿地，各种草类与林木共生，风景秀丽，水天相接。喀纳斯处于阿尔泰山的最南端，特殊的地理条件，使这里植被丰茂。挺拔秀丽的冷杉为中国特有。

**游学云课堂**
**我国陆地最低点**

在吐鲁番盆地的最低处的艾丁湖，是我国陆地的最低点，也是世界上仅次于死海的第二低地，其海拔高度甚至要比海平面低154.31米。艾丁湖的水源主要有三处：一是来自夏季河流洪水，二是来自坎儿井的冬季流水，三是来自地下径流的灌溉区排水。艾丁湖还是我国矿化度最高的湖泊。

31

# 石油大揭秘

我国的石油资源在全国 25 个省、市、自治区和近海海域均有分布。石油的用途非常广泛，我们日常生活中很多东西的生产或应用都离不开石油。可是你知道石油是怎样来到我们身边的吗？

## 漫长的沉积等待

大约在几亿年以前，海洋和湖泊中生活着大量的微小水生物，它们不断繁殖，死亡后沉积在水底，形成一层富含有机物质的沉积层。经过漫长的演变，沉积层变为沉积岩，压力和热量使有机质逐渐变成无数细小的油珠，慢慢迁移到具有封闭构造的岩层中储藏起来，最终形成石油。全球石油主要出自两个地质时期的岩层，即奥陶纪—泥盆纪岩层和白垩纪—侏罗纪岩层。

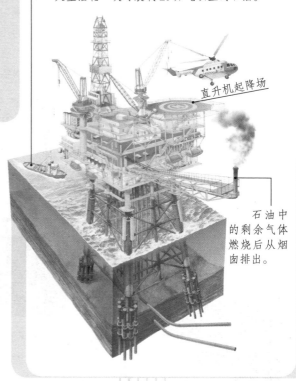

大型油轮一次可装载 20 万吨以上的石油。

直升机起降场

石油中的剩余气体燃烧后从烟囱排出。

沉积在水底的生物遗骸与空气隔绝，处于缺氧环境。

微生物分解形成有机质，新的沉积物不断积压，埋藏成岩。

天然气
石油
水

地壳活动、高温高压等作用破坏有机物，形成碳氢化合物。

碳氢化合物越积越多，在封闭的地层中储藏，形成石油。

## 发现石油

石油常被发现于地底下或大陆架底下，找到油田后要研究其所处的岩层，利用钻机钻探。钻到石油时，如果岩层内部压力较大，石油就能自动涌出；若岩层内部压力不够，往往就需要把石油抽上来。现在开采石油的技术已很发达，分陆地石油开采和海底石油开采。海上钻井抽取的石油会通过输油管或油轮运往岸边。

## 石油大变身

石油开采出来后，被人们用输油管道或车辆等运到炼油厂，脱盐、脱水、脱酸，进行初次加工。初次加工后的石油经加热炉加热后进入分馏塔，较轻的石油成分"气化"，在分馏塔内上升，后在不同温度下冷凝形成汽油、煤油、柴油等；较重的石油成分则从塔底流出，可进行进一步加工。

石油产品众多，用途广泛，除了作为迄今为止人类最重要的动力燃料外，就连印刷用的油墨也都和石油有关系呢。

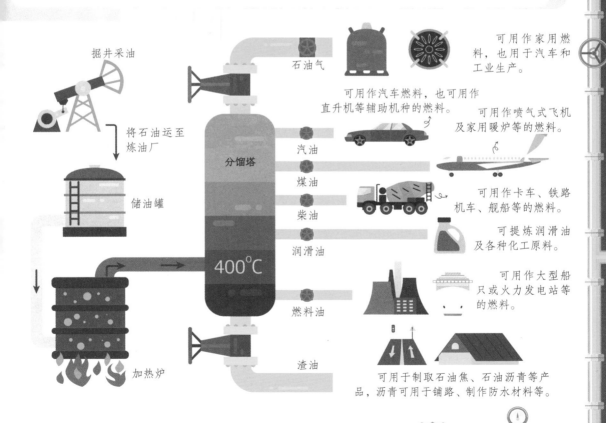

掘井采油

将石油运至炼油厂

储油罐

分馏塔

400°C

加热炉

石油气

汽油

煤油

柴油

润滑油

燃料油

渣油

可用作家用燃料，也用于汽车和工业生产。

可用作汽车燃料，也可用作直升机等辅助机种的燃料。

可用作喷气式飞机及家用暖炉等的燃料。

可用作卡车、铁路机车、舰船等的燃料。

可提炼润滑油及各种化工原料。

可用作大型船只或火力发电站等的燃料。

可用于制取石油焦、石油沥青等产品，沥青可用于铺路、制作防水材料等。

# 世界屋脊——西藏

西藏自治区位于我国西南部，是一片世界闻名的神奇土地。西藏是藏族同胞的主要聚居地，社会生活和风俗习惯具有鲜明的地域特色。西藏的人文景观也是独具一格，拥有众多名胜古迹。

## "日光城"拉萨

拉萨是世界上海拔最高的城市之一，平均海拔达 3700 米，一年四季多是晴朗无云的天气，一年中有很长的时间都处在太阳照射之下，故有"日光城"的美誉。布达拉宫是拉萨最著名的标志性建筑，是当今世界上海拔最高、规模最大的宫堡式建筑群。它依山而建，群楼重叠，有气贯苍穹之势，金碧辉煌的金顶，巨大的鎏金宝瓶，经幢和红幡交相辉映，体现了藏族古建筑迷人的特色。

| | | | |
|---|---|---|---|
| 简称：藏　首府：拉萨 | | 地理位置：中国西南地区，青藏高原西南部 | |
| 面积：约123万平方千米 | | 主要气候类型：高原山地气候 | |

## 阿里，阿里

在神秘的青藏高原西南部，有一处被称为"生命禁区"的地方。它就是让人闻之胆怯的阿里地区。阿里地区的平均海拔在 4500 米以上，可以说，它就是坐落在世界屋脊之上的"屋脊"，是世界的又一个"第三极"。阿里地区曾被称作"象雄"，后来根据藏语音译，这才有了"阿里"这个名称。阿里地区的地貌可以说是五花八门，不管是高山沟谷，还是土林火山，又或是冲积扇地形，这里都有。如此复杂的地形地貌，让阿里地区蒙上了一层神秘的面纱，在吸引人的同时又让人感到敬畏，这也是它之所以被称为"生命禁区"的原因。

## 天湖纳木错

　　纳木错湖藏语为天湖的意思，它与羊卓雍错湖和玛旁雍错湖一起，被称为西藏的"三大圣湖"。纳木错湖素以海拔高、面积大、景色瑰丽著称，是世界最高的内陆湖，也是中国仅次于青海湖的第二大咸水湖。纳木错呈长方形分布，湖水十分清澈，天空的湛蓝色完美地投映在湖面上，形成水天一色的美景。

这里经常有藏羚羊、黄羊等野生动物出没。

## 雅鲁藏布大峡谷

　　雅鲁藏布大峡谷位于西藏雅鲁藏布江下游，是围绕着喜马拉雅山东端的最高峰——南迦巴瓦峰的一个马蹄形大拐弯的奇特峡谷。大峡谷长达 504.6 千米，最深处为 6009 米，峡谷底河床宽度仅为 35 米，是世界上最深的大峡谷。雅鲁藏布大峡谷是青藏高原最大的水汽通道，高山峡谷加上水汽通道的作用，使这里具有从高山冰雪带到低河谷热带季雨林带等 9 个垂直自然带。在不同高度的垂直自然带里，景观各异。

## 认识西藏

### 古老的藏戏

　　藏戏是一种古老的戏曲剧种，它有着比京剧更悠久的历史，被誉为藏文化的"活化石"。藏戏演员头戴面具，舞步阔大，舞姿粗犷。

### 高原青稞

　　青稞是青藏高原上重要的粮食作物，可以用来做糌（zān）粑、酿青稞酒。

### 藏族服饰

　　通常有着宽袍长袖，非常保暖。当气温上升时，人们可以将衣袖脱下来散热。

### 赛马、赛牦牛

　　有时，人们还会举办各种热闹的比赛，如赛马、赛牦牛等。在奔跑的马儿和牦牛背上，身手不凡的勇士们可以做出很多精彩的动作。

# 祁连内外——宁夏、甘肃

宁夏回族自治区，因过去为西夏国故地而得名。自治区位于西北地区，与内蒙古自治区、甘肃省、陕西省相邻，是中国人口较少的省区之一。

游学宁夏

简称：宁　首府：银川　地理位置：中国西北地区
面积：约6.6万平方千米　主要气候类型：温带大陆性气候

## 贺兰山

贺兰山平均海拔2000米以上，主峰敖包圪垯海拔3556米，是宁夏最高的山。整体呈东北一西南走向。贺兰山山势雄伟壮丽，宛如一道天然屏障屹立于北方大地，自古就是我国西北地区最重要的地理界线之一；同时，也是我国季风气候与非季风气候、河流外流区与河流内流区的重要分界线。

## "塞上江南" 银川

银川市是中国的历史文化名城，历史悠久，早在夏、商、西周时期便设有雍州城。1038年，李元昊在此地建立了大夏国，史称西夏，银川改称中兴府。此后经过历代兴替，于1945年改城为市，定名为银川。银川市地处银川平原引黄灌区中部，坡地平缓，植被丰茂，素有"塞上江南"的美誉。

银川承天寺塔

36

学甘肃

简称：甘或陇
省会：兰州
面积：42.6万平方千米
地理位置：中国西北地区
主要气候类型：温带大陆性气候

## 天下第一雄关

被称为"天下第一雄关"的嘉峪关关城是目前保存最为完整的一座长城关城。嘉峪关城关两侧的城墙横穿沙漠戈壁，是明长城最西端的关口，自古就是河西第一隘口。它地势险要，占据着极其重要的地理位置，有"一夫当关，万夫莫开"的气势。这座关城始建于明洪武五年（1372），作为古代中华文明的重要象征，如今依旧傲然屹立，任凭世人瞻仰。

甘肃省地处西北，位于黄河上游，曾是丝绸之路上的重要路段，是联系华夏文明与西方世界的重要纽带。而约公元前2100年出现的齐家文化，更使这里成为中华民族的一大发祥地与华夏文明的摇篮之一。

## 敦煌莫高窟

敦煌莫高窟是中国四大石窟之一，也是世界上现存规模最宏大、保存最好的佛教艺术宝库。莫高窟开凿在鸣沙山东麓断崖上，至今仍保留有洞窟735个，壁画4.5万多平方米，彩塑像2400多尊，壁画和雕塑的数量和内容都令世人叹为观止，已被联合国教科文组织列为世界文化遗产。其中的"飞天"造型已经成了中国文化中具有代表性的符号之一。

## 玉门关雅丹魔鬼城

在甘肃玉门关西，有一处极为典型的雅丹地貌景区。只要一有风吹过，这里就会发出如同"鬼叫"一般的响声。因此，这片雅丹地貌景区便有了"魔鬼城"的俗称。从外观来看，玉门关雅丹魔鬼城就像是一座中世纪的古城堡，每一处景观都极其形象生动，真可谓是鬼斧神工。

# 江南水乡——上海、江苏

游学上海

简称：沪
面积：6369平方千米
地理位置：中国东部沿海，长江三角洲前缘
主要气候类型：亚热带季风气候

上海市是世界著名的港口城市，也是中国最精致的城市之一。它是中国最大的工商业城市，同时又是重要的经济、贸易、科技、交通、金融中心和国际化大都会。曾经被称作"十里洋场"的上海市如今以它的时尚精美成了中国重要的对外门户。

## 黄浦江

黄浦江是长江下游支流，也是上海境内的主要河流，又称大黄浦。现在黄浦江已经成为上海的标志之一。上海地处长江三角洲前缘，位于中国南北海岸线的中部，交通便利，腹地广阔，地理位置十分优越。

## 东方明珠电视塔

东方明珠电视塔位于上海市浦东新区陆家嘴，高468米。明珠塔以"圆形"为主要基调，设计者将8个大小不一、高低错落的球体通过3根直径9米的擎天立柱串联起来，错落有致。

## 外滩

上海市中心黄浦江畔的外滩南起金陵东路，北至外白渡桥，素有"万国建筑博览群"之称。这里汇聚了上海的标志性建筑和城市历史。如今的外滩大楼大都经过改建，最大程度上保留了历史建筑原有的风貌，徜徉其间，能感受到东西方文明的交融和碰撞。

## 精巧别致的豫园

豫园本是一座私人园林，建于明代嘉靖、万历年间。园主潘允端为让父亲安享晚年而建造了该园。现在的豫园精巧别致，楼阁参差，错落有致，还有多家老字号商铺林立，是名副其实的"东南名园之冠"。

东方明珠电视塔

黄浦江

简称：苏　省会：南京

面积：10.3万平方千米

地理位置：位于中国东部沿海地区

主要气候类型：温带季风气候、亚热带季风气候

江苏位于中国东部沿海，长江、淮河下游，京杭大运河纵贯全省南北。江苏是中华民族的文明发源地之一，具有悠久的历史。几千年来，江苏居民创造了灿烂的吴文化，并且不断地将它们深化，形成了自己独特的文化形态。

## 庄严肃穆中山陵

中山陵是伟大的民主革命先行者孙中山先生的陵墓，整个建筑群依山势由南向北逐次上升。中山陵的各个牌坊、陵门、碑亭等，通过大片绿地和通天台阶连成一个大的整体，庄严肃穆，气势宏伟。

## 风韵独具最扬州

扬州地处长江与京杭运河交汇处，有着"中国运河第一城"的美誉。在扬州的西北郊有一湖，本名保障湖，湖面狭长，可与杭州西湖媲美，后改其名曰"瘦西湖"。它融南方之秀、北方之雄于一体，风韵独特。

## 水乡周庄

周庄环境幽静，建筑古朴，虽历经数百年的沧桑，仍完整地保存着水乡集镇的建筑风貌。古镇内有很多古典宅院和砖雕门楼。同时，周庄还保存了很多座各具特色的古桥，宛如镶嵌在淀山湖畔的明珠。

## 苏州园林甲江南

苏州素来以山水秀丽、园林典雅而闻名天下。苏州园林是私家园林，不讲究对称。假山的堆叠，池沼的开凿，都成了艺术。将不大的空间巧妙地借用门、窗等"道具"隔断，咫尺之内再造乾坤，意趣横生。

# 江淮大地——安徽

安徽省地跨长江、淮河流域，取安徽境内安庆、徽州两地的首字为名。安徽境内地形多样，河网纵横交错，山川秀美壮丽。这里历史悠久、文化底蕴深厚，有徽墨歙砚、徽戏等文化瑰宝，为中国的文化添上了浓墨重彩的一笔。

### 江淮明珠巢湖

巢湖面积基本保持在 700 多平方千米。据说刚开始形成的巢湖湖盆比现在要大得多，后来由于人们开始大范围围湖造田，才最终变成今天的样子。巢湖物产丰富，以"日出斗金"著称，银鱼、白虾、湖蟹被誉为"巢湖三鲜"。与此同时，丰富的水资源还滋养着巢湖周边的农业文明，稻作农业一直是环巢湖地区经济发展的基调。

简称：皖　省会：合肥
面积：14万平方千米
地理位置：位于中国东部
主要气候类型：温带季风气候、亚热带季风气候

### 水墨画里的皖南古村落

皖南古村落位于安徽省黟县，以西递、宏村为代表，较为完好地保存了许多明清古民居。宏村地势较高，常年云蒸霞蔚，时而如泼墨重彩，时而若淡抹写意，恰似山水长卷，融自然景观和人文景观为一体，被誉为"中国画里的乡村"。

## 安徽名茶

唐代"茶圣"陆羽所作的《茶经》，是世界上第一部茶学专著。陆羽在书中列绘出唐代全国产茶区域分布图表，安徽就在其中。安徽的黄山毛峰、六安瓜片、太平猴魁全国闻名。徽州茶道讲究以茶立德、以茶陶情、以茶会友、以茶敬宾，是中国茶文化的一部分。

## "长江女神"白鱀豚

白鱀豚，仅分布在长江中下游水域以及洞庭湖、鄱阳湖及钱塘江，被誉为"水中的大熊猫"和"长江女神"。白鱀豚的肤色为它提供了不俗的自保能力，当你从水面向下看时，白鱀豚青灰色的背部会和江水混为一体，很难分辨；当你从水底向上看时，其白色的腹部又和射入光线的水面颜色相近，也很难分辨。这使得白鱀豚在逃避敌害、接近猎物时，有了天然的"隐身衣"。

## 黄山归来不看岳

黄山雄踞于风光秀丽的皖南山区，位于安徽省黄山市，山脉总面积约 1200 平方千米，黄山的莲花峰、光明顶、天都峰三大主峰海拔均在 1800 米以上。山上四季都有绮丽的景色。"五岳归来不看山，黄山归来不看岳。"黄山以奇松、怪石、云海、温泉、冬雪"五绝"闻名于世。著名胜景有 72 峰、迎客松、飞来石等。

### 游学云课堂 徽州三雕

徽州有三雕：木雕、砖雕、石雕。徽州三雕常常作为民居、祠堂、庙宇、园林等建筑的装饰，还常见于徽式家具、屏联、笔筒、果盘等大大小小的物件上。徽州三雕工艺精湛，世代相传，有完整的工艺流程，在国内外享有很高的声誉，被国务院列入第一批国家级非物质文化遗产名录。

# 造型奇特的中国传统民居

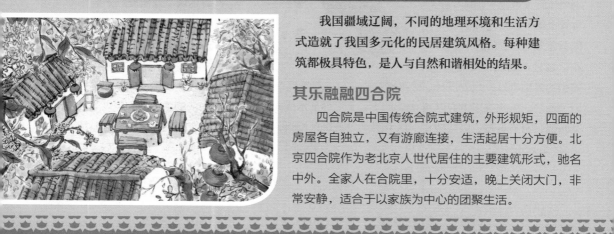

我国疆域辽阔，不同的地理环境和生活方式造就了我国多元化的民居建筑风格。每种建筑都极具特色，是人与自然和谐相处的结果。

## 其乐融融四合院

四合院是中国传统合院式建筑，外形规矩，四面的房屋各自独立，又有游廊连接，生活起居十分方便。北京四合院作为老北京人世代居住的主要建筑形式，驰名中外。全家人在合院里，十分安适，晚上关闭大门，非常安静，适合于以家族为中心的团聚生活。

## 福建土楼

福建土楼规模巨大，造型奇特，错落有致，在巨大的环形古楼里，人们聚族而居，在日常生活中，"一人有喜，全楼欢庆；一家有难，全楼帮扶"。

1.开地基

4.立柱竖木

2.砌墙脚

5.铺上瓦片

3.夯筑土墙

6.装饰装修

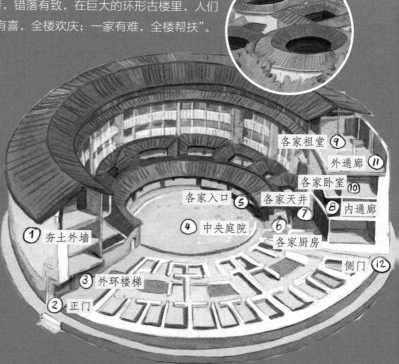

① 夯土外墙
② 正门
③ 外环楼梯
④ 中央庭院
⑤ 各家入口
⑥ 各家厨房
⑦ 各家天井
⑧ 内通廊
⑨ 各家祖堂
⑩ 各家卧室
⑪ 外通廊
⑫ 侧门

## 陕西窑洞

窑洞是黄土高原特有的"穴居式"民居，历史悠久，新石器时代就已出现。有的在天然的土崖上开凿，叫靠崖窑；有的在平地挖坑成院，再沿坑壁开挖窑洞，这是地坑窑。

陕北窑洞营造技艺历史悠久。

在当地发现的窑洞雏形至今已有4500年的历史。

## 藏族碉房

碉房是一种楼式建筑，外观形似古碉，具有"内不见石，外不见木"的特点，多依山而建，墙体十分坚实，下宽上窄，前低后高，棱角分明，人畜分层而居。

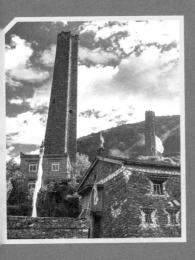

## 傣族竹楼

傣族分为水傣、旱傣和花腰傣，生活在湿热的西双版纳的水傣因地制宜，创造出奇特民居——竹楼。它是干栏式建筑，以粗竹为柱，房顶呈"人"字形。分为上下两层，下层可避湿，用来堆放杂物，圈养牲畜；上层可避热，是人们居住的空间。

## 徽州古民居

徽州古民居是徽州地区具有鲜明地域特色和深厚地域文化内涵的传统建筑。它的典型特点是粉墙、青瓦、马头墙，还有砖雕、木雕、石雕作装饰，一般依山傍水而建，将"天人合一"的理念完美融入了古民居。

# 洞庭南北——湖南、湖北

湖南省位于洞庭湖以南，故而得名湖南。湖南历史悠久，春秋战国时期，楚国势力越湖南下，融合了原有的地方文化，使得湖南成为楚文化的腹地，也是楚文化发展和传播的重要地区之一。

**留学湖南**

| 简称：湘 | 省会：长沙 | 地理位置：中国中南部、长江中游 |
| --- | --- | --- |
| 面积：21.2万平方千米 | | 主要气候类型：亚热带季风气候 |

## 青云之巅张家界

张家界市位于湖南西北部，地处武陵山脉腹地，是一个如诗如画的旅游城市，有张家界国家森林公园、天门山国家森林公园等风景名胜。天门山景区内有一处令人称奇的天门洞开景观，它是世界上海拔最高的天然穿山溶洞。乍一看，天门洞就像是一扇位于悬崖峭壁之上的通天大门，仿佛穿过它就能一步登天了。

## 闻名古今的岳阳楼

在洞庭湖畔有一座楼，名为岳阳楼，它因北宋大文豪范仲淹的名作《岳阳楼记》而名扬天下。岳阳楼主楼是长方体造型，通高 19.72 米，楼内有四根楠木柱直通楼顶。整座岳阳楼共分三层，楼顶覆盖着琉璃黄瓦，整体造型大气磅礴，是中国"江南三大名楼"之一，也是中国十大历史文化名楼之一。

## 南岳衡山

衡山是五岳之一的南岳。衡山并不是一座孤立的山峰，它连绵起伏，境内有回雁峰、祝融峰、紫盖峰、芙蓉峰等72座山峰。其中，祝融峰是衡山的最高峰，海拔约1300.2米，一年四季云雾环绕，如同仙境一般。祝融峰之高、方广寺之深、藏经殿之秀、水帘洞之奇为南岳四绝。

湖北省位于洞庭湖以北，由此得名。它处于中国东南部的中心地带，是楚文化的发源地，在湖北灿烂的文化史上，涌现出了爱国诗人屈原，唐代大诗人孟浩然等杰出人物。

游学湖北

| | |
|---|---|
| 简称： | 鄂 |
| 省会： | 武汉 |
| 面积： | 18.6 万平方千米 |
| 地理位置： | 位于中国中部 |
| 主要气候类型： | 亚热带季风气候 |

## 武当山 ▲

武当山位于湖北省西北部，自然风光秀丽，林涧幽深，有 72 峰、36 岩、24 涧等胜景。主峰天柱峰海拔 1612.1 米，被誉为"一柱擎天"。武当山道教文化源远流长，是著名的道教圣地；武当武术扬名世界。令武当山名扬天下的一位重要人物便是一代武学宗师张三丰，他创立的武当派与嵩山少林派齐名。武当武术与少林武术各有千秋，有"北崇少林，南尊武当"的说法。

## 享誉世界的曾侯乙墓

湖北有一处享誉世界的历史遗迹——战国早期的墓葬曾侯乙墓。作为曾侯乙墓出土文物的代表，曾侯乙编钟是中国迄今为止发现的规模最大、数量最多、保存最完整、音律最齐全的一套青铜编钟。整座编钟由 65 件大小不一的钟组成，其中每件钟能演奏出三度音阶的双音，整座曾侯乙编钟能奏出十二个半音。

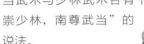

## 千古绝唱黄鹤楼

黄鹤楼始建于三国时期，传说是吴主孙权为了军事目的而建。至唐朝，其军事性质逐渐褪去，演变为风景名胜，历代文人墨客到此游览，留下脍炙人口的诗篇。唐代诗人崔颢挥笔写下："昔人已乘黄鹤去，此地空余黄鹤楼。黄鹤一去不复返，白云千载空悠悠。"这首诗奠定了黄鹤楼的文学基调，成为千古绝唱。

# 山水画卷里的浙江

浙江省位于中国东南沿海，它因境内河流浙江而得名。浙江省的面积虽然不大，却是中国的经济大省，工农业生产都相当发达，是著名的鱼米之乡和丝绸之乡。

## 淡妆浓抹的西湖

"欲把西湖比西子，淡妆浓抹总相宜。"西湖风景区历史悠久，人文荟萃，既有秀丽的自然风光，也有众多文化意蕴丰富的名胜古迹。主要景点有定名于宋代的西湖，这里有断桥残雪、平湖秋月、三潭印月、苏堤春晓、南屏晚钟、雷峰夕照等十处景观。西湖三面环山，层层青山如屏障般掩映着湖光，山色与湖水相映成趣，使得人们从不同的角度观赏西湖，都能收获不同的情趣。

常学浙江

| | |
|---|---|
| 简称： | 浙　省会：杭州 |
| 面积： | 10.18万平方千米 |
| 地理位置： | 位于中国东南沿海，长江三角洲南翼 |
| 主要气候类型： | 亚热带季风气候 |

## 钱塘江大潮

钱塘江是浙江省最大的河流，古称浙江、浙水。钱塘江潮是世界著名的大潮之一，以农历八月十八日前后的大潮最为壮观，平均潮差5米左右，最大潮差近9米，"滔天浊浪排空来，翻江倒海山为摧"。钱塘江大潮有"一线潮"、"交叉潮"和"回头潮"。一般我们所说的观潮，都是"一线潮"。

## 美丽杭州

杭州市位于浙江省北部，是浙江省省会，地处钱塘江下游，京杭大运河南端。这里平川沃野、河港纵横，气候温和湿润，是江南的鱼米之乡。同时，杭州的丝绸工业也很发达，被誉为"丝绸之府"，马可·波罗曾赞誉其为"世上最美丽华贵之天城"。

千岛湖湖水清澈，能见度高，是国家一级水体。

这里还是生产矿泉水的水源地。

## 千岛碧水画中游

千岛湖因山青、水秀、洞奇、石怪而被誉为"千岛碧水画中游"。湖中拥有众多形态各异的大小岛屿，故有千岛之名。千岛湖的水清澈明净，被赞为"天下第一秀水"。千岛湖碧波万顷，群山叠翠，峡谷幽深，洞石奇异，还有种类众多的生物资源、文物古迹等，它们共同构成了享誉中外的岛湖风景。

## 绍兴之韵

浙江省宁绍平原西部的绍兴，地势南高北低，南部多山，以会稽山为主，其间有香炉峰、秦望山等山峰，群山逶迤，峰峦重叠。顾恺之的"千岩竞秀，万壑争流。草木蒙笼其上，若云兴霞蔚"是对会稽山风景最好的注释。鲁迅故居中的三味书屋曾是鲁迅少年求学的地方，这里保留着鲁迅当年使用的课桌。

### 浙江名人堂

**王羲之**

王羲之，琅邪（今山东临沂）人，后移居会稽山阴（今浙江绍兴）。书法成就斐然，与其子王献之并称"二王"。他博采众长，融合创新，被后人誉为"书圣"。

**王守仁**

绍兴府余姚县(今宁波余姚)人，明代著名思想家。其学说思想——心学（阳明学），远播日本、朝鲜等东亚诸国。

**鲁迅**

原名周树人，字豫才。著名文学家、思想家、革命家，代表作有《呐喊》《彷徨》《朝花夕拾》等。

# 海峡明珠，山水福建

简称：闽　省会：福州
面积：12.4万平方千米（陆地）
地理位置：中国东南沿海
主要气候类型：亚热带季风气候

福建省位于中国东南沿海，东临台湾海峡，与台湾省隔海峡相望。福建有闽南语、福州话、客家话等多种方言。福建是著名的侨乡，历史上不断地进行人口的迁入与迁出，由此形成了别具特色的闽文化。

## 福州的三坊七巷

福州是国家历史文化名城，自然和人文旅游资源丰富，位于福州市中心的三坊七巷历史文化街区是中国历史文化名街。西边的三坊，东边的七巷，中间的南后街，共同构成了一个完整的街区。坊巷内保存有 200 余座古建筑，白墙青瓦，布局严谨，匠艺奇巧，集中体现了闽越古城的民居特色，被誉为"明清建筑博物馆"。

## "茶叶之王"铁观音

铁观音原产于福建安溪。安溪人细心栽培茶树，把它们培育得株株茁壮、叶叶油绿。泡开后的铁观音尝起来有幽雅的兰花香，回甘生津，滋味十分醇厚。

## 海上丝绸之路始于泉州

北宋时，朝廷在泉州设立市舶司，掌管出入海港的船舶，并负责征收商税，泉州逐渐成为全国最繁盛的海外贸易中心。元朝政府更是大力发展海运，将京杭大运河裁弯取直，实现运河全线贯通，进一步促进了海上丝绸之路的繁盛，泉州成为闻名世界的大商港。

## 鼓浪屿上好风光

鼓浪屿是厦门西南方的一个小海岛。鼓浪屿碧波、白云、绿树交相辉映，处处给人以整洁幽静的感觉。岛上完好地保留着许多具有中外各种建筑风格的建筑物，有人说这里是"万国建筑博览会"。鼓浪屿不仅是全国户均钢琴拥有率第一的地方，还是众多音乐家的诞生、成长地，有悠久的音乐传统，鼓浪屿素有"钢琴之岛"的美称。

**游学云课堂 丹霞地貌**

丹霞地貌很好辨认，它最显著的特点是红色的陡崖坡。在地球上，有一种沉积在内陆盆地里的红色岩层，这种岩层在千百万年的流水侵蚀、风化剥蚀等作用下，形成了"赤壁丹崖"。丹霞地貌有着"顶平、身陡、麓缓"的特征，具有很高的观赏价值。

## 碧水丹霞武夷山

广义的武夷山纵横百里，横贯福建、江西两省，属典型的丹霞地貌。武夷山的主峰黄岗山，海拔 2160.8 米，被誉为"华东屋脊"。武夷山自然保护区保存着地球同纬度带最完整、最典型、面积最大的亚热带原生性森林生态系统，是近 500 种野生动物和 3000 多种植物的家园，被誉为"世界生物之窗"。

## 渔民的保护神——妈祖

妈祖是福建文化和民俗的重要部分。妈祖的原型是古代福建女子林默，相传她能查看病人体内病状，还能预报天气变化，使渔民们避过台风等带来的危险，转危为安。千百年来，妈祖信仰已经传播到朝鲜、日本及东南亚等国家和地区，成了信徒心中共同的妈祖。后人为纪念她，在湄洲岛修建了第一座妈祖庙。

# 物产丰饶的江西

江西位于中国东南部，早在唐代，其境属于江南西道，故而得名。江西拥有丰富而灿烂的文化，滕王阁、白鹿洞书院、"瓷都"景德镇等地名声显赫，被称为"江南昌盛之地，文章节义之邦"。

## 美丽乡村婺源

婺源的古村落将古朴素雅的徽派建筑和错落壮观的油菜花梯田巧妙地融合在一起，漫山遍野的壮丽金黄与点点粉墙黛瓦相映成趣，构成了一幅绚丽的山水画卷。篁岭油菜花梯田地处婺源石耳山脉，每年三四月，是婺源篁岭最热闹也最灿烂的季节。篁岭依山而建的村落自成高低错落之势，层层铺展的油菜花更是如潮起浪涌。

| 简称：赣 | 省会：南昌 | 地理位置：中国东南部、长江中下游南岸 |
|---|---|---|
| 面积：16.69万平方千米 | | 主要气候类型：亚热带季风气候 |

## 三清山

三清山是道教名山、世界自然遗产地，还是国家地质公园。这里有举世无双的花岗岩峰林地貌，它们与茂盛的古树、栖息的珍禽、远近变化的气候奇观相结合，创造了世界上独一无二的景观。四五月的三清山最为秀丽，当和煦的山风拂过，漫山的杜鹃花便轻轻颤抖起来，一眼望去，一片片花海细浪在山间、云间缓缓漾开，引人入胜。

## 不识庐山真面目

庐山位于江西省九江市，紧临鄱阳湖和长江，最高峰汉阳峰海拔1473.4米，以雄、奇、险、秀闻名，素有"匡庐奇秀甲天下"的美誉。山中多危崖峭壁，清泉飞瀑，山中时常云雾弥漫，所以古人有"不识庐山真面目，只缘身在此山中"的说法。庐山自古以来以文化名山传世，隐居、游历于庐山的历代名人数不胜数，其中吟咏过"飞流直下三千尺"的庐山瀑布的唐代大诗人李白就是其中一位。

## 千古美名滕王阁

"落霞与孤鹜齐飞，秋水共长天一色。"王勃挥毫写就不朽的《滕王阁序》，也因此成就了滕王阁的千古美名。滕王阁矗立于赣江之滨，始建于唐永徽四年（653），屡毁屡建，据记载，后代所建滕王阁规模不一，风格也不尽相同。现今的滕王阁于1989年落成，碧瓦重檐，气势雄伟。

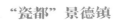

> 景德镇除了瓷器，还有陶瓷博物馆、陶瓷大学……不愧是大名鼎鼎的"瓷都"。

### 游学云课堂
### 制瓷工艺的发展

东汉以来至魏晋时制作的瓷器，多为青瓷，白釉萌发于南北朝，至隋唐日臻成熟；宋代的青瓷、白瓷代表我国制瓷工艺走上新的台阶；明代出现在釉下彩青花轮廓线内添加釉上彩的技艺，由于釉下彩青花与釉上彩绘争奇斗妍，故名"斗彩"；清代瓷器在此基础上进一步发展，康熙时的素三彩、五彩，雍正、乾隆时的粉彩和珐琅彩都是闻名中外的精品。

## "瓷都"景德镇

江西省景德镇地区盛产瓷器，素有"瓷都"之称，北宋景德年间，因御供瓷器品质优良，被宋真宗赐予年号"景德"，故名。景德镇瓷器历史悠久，瓷质优良，制作精巧，装饰多样，尤以白瓷著名，素有"白如玉，明如镜，薄如纸，声如磬"之称。

# 天府之国——四川、重庆

游学四川

简称：川或蜀　省会：成都

面积：48.5万平方千米

地理位置：中国西南部，位于长江上游地区

主要气候类型：亚热带季风气候、高原山地气候

四川人杰地灵，物阜民丰，自古以来被誉为"天府之国"。它地处中国西南部，在这片群山大川环绕的盆地中，既有冰川雪山，又有竹海彩林，是名副其实的人间天堂。

## 童话王国九寨沟

九寨沟是我国第一个为保护自然风景而设立的自然保护区，这里的景观主要以高山群湖泊、瀑布、彩林、雪峰、蓝冰为代表。九寨沟最神奇的湖泊是五花海。阳光下，湖泊深处绚烂多彩的藻类及岸边奇花异木斑斓的倒影，让五花海成了一片彩色的汪洋。

## 乐山大佛

乐山大佛是世界最大的一尊摩崖石刻佛像，它开凿于唐玄宗开元元年（713）。这是一尊弥勒佛像，大佛通高71米，脚踏江水，头枕凌云山，双手搭着膝盖、双腿自然下垂，正襟危坐，细眉高目，神态庄严，体态魁伟。大佛的一只脚就有8.5米宽，能站上百人。

## 峨眉天下秀

峨眉山坐落在我国四川省西南地区，峰峦挺秀，山势雄伟。峨眉山金顶主峰上，有一座寺庙——华藏寺，是我国重要的佛教寺院。登上峨眉山主峰金顶，可以将峨眉山的美景尽收眼底，幸运的话，还能看到有"峨眉十景"之冠的"金顶祥光"。

重庆凭借得天独厚的地理位置，在以山城、江城、雾都、桥都为风格的城市景观中，发展衍生出一种带有魔幻色彩的城市风格，这里的一切都显得奇妙而不可思议。

简称：渝

面积：8.24万平方千米

地理位置：中国内陆西南部、长江上游地区

主要气候类型：亚热带季风气候

## 重庆的大足石刻

大足石刻位于重庆市大足区，其石刻创于晚唐，五代、宋、明、清又陆续开凿。大足石刻题材广泛、内容丰富、技艺精湛。主要是以佛像和道教造像为主，也有将儒、道、佛共置于同一个龛窟中的三教造像。它是我国石窟艺术辉煌壮丽的代表作之一，1999年，大足石刻作为文化遗产被列入《世界遗产名录》。

## 魔幻的洪崖洞

洪崖洞是人们来重庆必游的地方。在这里，除了能看到极具巴渝文化特色的吊脚楼建筑外，还能体会到"时空倒置"的错觉。洪崖洞共有11层，最高层位于沧白路，最底层位于嘉滨路，最高层和最底层居然都是在路面上，这就很魔幻了，洪崖洞真的像一个庞大的立体建筑迷宫。

### 巫峡神女峰

巫峡是三峡完整度和连贯度最高的峡谷。巫峡一路绵延幽深，奇峰耸立，其中，神女峰最引人注目。从远处望过去，神女峰上一根突兀的巨石立于山峰之上，仿佛一位亭亭玉立的妙龄少女，身姿挺拔、美丽动人。

53

# 云贵高原——云南、贵州

云南省一说是因位于云岭之南而得名云南。云南具有非常悠久的历史，早在170万年前，就有元谋人的足迹出现在这里，其后的西畴人、丽江人、昆明人不断地塑造着云南的史前史。

## 梅里雪山

梅里雪山是世界最美的雪山之一。它坐落在金沙江、澜沧江、怒江三江并流的地方，整体呈南北走向。在藏语里，"梅里"一词是"药山"的意思，之所以会有此名，是因为梅里雪山盛产各种珍稀且名贵的药材。主峰卡瓦格博峰海拔高达6740米，是云南省的第一高峰，被人们称作"雪山之神"。

| | | |
|---|---|---|
| 简称：云或滇 省会：昆明 | 地理位置：中国西南部 | |
| 面积：39.41万平方千米 | 主要气候类型：亚热带季风气候、热带季风气候 | |

## 苍山洱海在大理

大理位于云南省西部，它夏无酷暑、冬无严寒。苍山，是云岭山脉南端的主峰，平均海拔在3000～4000米。远远望去，苍山给人一种宏伟壮丽的壮阔感。由于苍山山顶上常年覆盖着白色的积雪，因此人们又将它称作"苍山雪"。与苍山相对的是洱海，它是云南省第二大湖，总面积约249平方千米。

## 北回归线上的西双版纳

美丽富饶的西双版纳傣族自治州位于云南省南端，是北回归线上少有的一片绿洲，也是中国热带生态系统保持较完整的地区。这里动植物资源非常丰富，素有"植物王国""动物王国"的美称。

贵州省位于中国西南地区，云贵高原的东部。贵州具有独特的自然风光与人文景观，有号称"中国第一瀑"的黄果树瀑布，奇特的岩溶、高原、峡谷地貌……

## 黄果树瀑布

黄果树瀑布位于贵州安顺市镇宁布依族苗族自治县，是北盘江支流打帮河上游的一级瀑布。主瀑高66米，顶宽81米，是典型的喀斯特侵蚀裂点型瀑布。当夏季洪峰时，瀑布落差达74米，如万马奔腾，非常壮观。而瀑布的声音如雷，在很远的地方就能听到。

### 游学云课堂
### 石笋、石钟乳和石柱的形成

含有二氧化碳的水通过石灰岩洞顶的裂隙滴到洞穴地上后，水分蒸发，二氧化碳逸出，水中析出的碳酸钙积淀下来，慢慢积累变厚。有的沉积在洞顶，自上而下生长，人们称为石钟乳；有的沉积在溶洞洞底，自下而上生长，人们称之为石笋；石笋与石钟乳不断生长，并连接起来，便形成了石柱。

| 简称：黔或贵 | 省会：贵阳 | 地理位置：中国西南部 |
|---|---|---|
| 面积：17.6万平方千米 | | 主要气候类型：亚热带季风气候 |

## 地下王国织金洞

织金洞是世界地质公园，是中国大型溶洞之一，更是一座规模宏伟、造型奇特的洞穴资源宝库。洞内有石笋、石钟乳、石柱等40多种类型的沉积物奇观。其中最引人注目的是霸王盔，它是头盔状石笋，位于洞内的广寒宫。它高14米，像一顶直立的帽子。在黄色灯光映照下，霸王盔霸气外露，叫人忍不住想戴上一试。

## 梵净山

梵净山是乌江水系和沅江水系的分水岭。梵净山新金顶是一座高耸入云的山峰，它的上端分为两部分，中间由天桥相连，桥的两边各修建了一处寺庙。清晨，红云瑞气常在山顶围绕，人称"红云金顶"。

# 岭南天地——广东、广西

简称：粤　省会：广州

面积：17.64万平方千米（陆地）

地理位置：位于中国大陆南部，东邻福建，北接江西、湖南，西接广西，南濒南海

主要气候类型：亚热带季风气候

广东省位于中国大陆南部，与香港、澳门相邻，南临南海，西南端隔琼州海峡与海南省相望。广东是人口大省，同时也是著名的侨乡，有大量华侨、海外华人与归侨，具有更广泛的文化包容性。

## 羊城广州

广州位于广东中部。传说古代曾经有5位仙人，骑五色仙羊，带着稻穗，降临于此，所以广州又名五羊城。广州在清朝五口通商前是中国唯一的对外贸易口岸，也是古代海上"丝绸之路"的发源地。如今的广州，摩天大楼随处可见，城市环境清洁有序，被联合国评为"国际花园城市"。

## 醒狮醒国魂

舞狮是一种一般由两人配合扮演一只狮子的中国传统民俗文化活动。舞狮有南北派之分，北狮动作轻巧，流行于河北等北方数省；南狮又称为"醒狮"，动作威猛霸气，盛行于广东、广西、香港、澳门和台湾等地。早年间，醒狮一般称"瑞狮"，有祥瑞之意。

## 深圳巨变

1980年8月，深圳经济特区成立。40多年间，深圳从落后的边陲小镇发展成为一座现代化国际大都市。几十年对一个城市来说是一段短暂的时光，但在年轻的深圳身上，我们看到了堪称奇迹的巨变。走在今天的深圳街头，造型奇特的高楼大厦拔地而起。如今，深圳以更加昂扬的姿态屹立于世界先进城市之林，成为创新力、影响力卓著的城市。

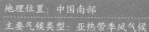

## 桂林山水甲天下

桂林市位于广西壮族自治区的东北部，是中国的历史文化名城之一，素有"桂林山水甲天下"之说。桂林市位于五岭之南，地处亚热带，气候宜人，雨量充沛，境内溶洞众多，奇峰异石，地下河发育，地上江流清澈，尤以其山水相依的岩溶地貌独特地理景观著称于世。桂林漓江风景名胜区是世界上规模最大、风景最优美的岩溶地貌山水旅游区，一直为游人所赞颂。

广西壮族自治区因为宋代其辖境属广南西路而得名。地处中国南疆，南临北部湾，与海南省隔海相望，东接广东，东北连湖南，西北接贵州，西邻云南，西南与越南交界。

## 诗画漓江

桂林漓江风景名胜区位于广西壮族自治区东北部，是世界上规模最大、风景最美的岩溶山水旅游区。从桂林到阳朔，澄清的漓江像蜿蜒的玉带，环绕在苍翠的群山之中。乘舟泛游漓江，可见两岸峭壁屏立，石乳似群龙戏水，处处充满着诗情画意。

## 米粉也有博物馆

广西的主要粮食作物是水稻，当地人因地制宜，用稻米做米粉。南宁有一座米粉博物馆，在这里你能了解到米粉的历史和广西各地的特色米粉，还能亲自体验米粉的制作过程。

## 璀璨夺目的珍珠

我国南海北部湾沿岸，有一座美丽的城市——北海市，北海市下辖合浦县，有一望无际的文蛤养殖场和珍珠养殖场，孕育着世界著名的"南珠"。"东珠不如西珠，西珠不如南珠。"作为珍珠中的上品，南珠以硕大圆润、晶莹夺目、玲珑美观而驰名中外。在历史上，北海的南珠与长安的丝绸，都被人们视为古代海上丝绸之路的珍宝。

# 绚丽多彩的民族节日

我国有56个民族，各民族在祖国大家庭融合聚居的同时，又保留了各自民族的文化特色和传统习俗，各个民族的节日丰富多彩。

**游学云课堂**
**端午节**

端午节是我国古老的传统节日，至今已有2000多年历史。端午节这天清晨，各家各户门前插艾叶，人们手腕上缠五色线，身上挂精美的香包，吃软糯香甜或咸口的粽子，还有划龙舟等重大庆祝活动，非常热闹。

## 哈尼族昂玛突节

昂玛突节，是哈尼族的传统民族节日，一般是在每年春耕开始前举行。在节日期间，哈尼族人民会举行祭祀活动，祈求风调雨顺，还会尽情地唱歌跳舞，举办长龙宴。

## 苗族花山节

苗族花山节，又叫踩山或踩花山。花山节的重要标志是花杆，花杆以一根高10余米的杉木做成，杆顶系各色彩带。节日当天，苗族人民着盛装来到会场，围着花杆对歌、跳芦笙舞、爬花杆、热闹非凡。

## 纳西族棒棒会

棒棒会，是丽江纳西族的传统节日，标志着春节活动的结束，以及春耕生产活动的开始，在每年的农历正月十五举行。棒棒会节日期间，丽江古城的大街小巷摆满了各种用来交易的农具，四周人潮涌动，真是一幅热闹至极的景象。

## 彝族火把节

　　彝族火把节，一般在每年农历的六月二十四日或二十五日举行。另外，白族、纳西族、拉祜族等民族也过火把节。节日夜晚，人们点燃村寨中用松木扎制的大火把，同时，手举小火把游走于田间、村寨间。节日期间，人们还要进行斗牛、赛马等活动。

## 白族三月街

　　白族三月街，又被称作"观音市"，这是白族的传统盛大节日。在每年农历的三月十五日开始，持续 5 ~ 7 天，白族人民会在大理古城交换物资，还进行热闹的赛马、赛龙舟、敲金钱鼓等活动。

## 怒族鲜花节

　　鲜花节，又称作"仙女节"，是怒族的传统节日，在每年农历的三月十五举行。鲜花节这天，怒族青年们会盛装打扮，进行歌舞、射箭等民俗活动。怒族的姑娘们还会手捧鲜花来参加节日活动。

## 傣族泼水节

　　傣族泼水节是傣历新年，节日清晨，傣族男女老幼穿着盛装，先到佛寺浴佛，然后相互泼水祝福，接着成群结队地四处游行，泼洒每一位过往的行人以示祝福。此时，歌声、象脚鼓声此起彼伏，人人都以被水泼到而感到幸福和欢快。

56 个民族一家亲！

# 超级工程

中国是世界一流的航天大国，每一航天重大成果都举世瞩目。所以给它们起一个既好听又有内涵的名字，难度不小。好在，聪明的中国人将现代航天科技与中国传统文化结合起来，给它们取的名字既浪漫动听又恰如其分，更让中国文化走向世界。

## 04 嫦娥

2007年10月24日，我国第一颗月球探测卫星"嫦娥一号"发射升空，使我国成为世界上为数不多的具有深空探测能力的国家。给它取名"嫦娥"，对中国人来说别具深意，因为"嫦娥奔月"一直是中国人流传数千年的美好梦想。

## 01 东方红

1970年，我国第一颗人造地球卫星"横空出世"，开创了中国航天史的新纪元。为它取名时亿万中国人不约而同地选择了"东方红一号"。卫星上还安装了一台模拟演奏《东方红》的音乐仪器，并通过电波将音乐传回地球。

## 北斗

2000年10月31日、12月21日和2003年5月25日，我国先后将三颗"北斗一号"导航定位卫星成功送入太空，成为世界上第三个建立了完善卫星导航定位系统的国家。截至2020年6月23日，"北斗"全球组网完成。俗称"北斗七星"，在中国文化中代表着光明和方向。

## 02 神舟

1999年11月20日，"神舟一号"宇宙飞船一飞冲天，"神舟"这一承载着中华民族飞天梦的名字从此传遍全球。截至2023年5月30日，"神舟十六号"成功升空，又将中国三名航天员送入太空。"神舟"意为"神奇的天河之舟"，又是"神州"的谐音，还有神气、神采飞扬之意，蕴含无尽骄傲。

北斗七星不是大熊星座的一部分吗？像个勺子一样。

此"北斗"非彼"北斗"，它是中国自行研制的全球卫星导航系统。

## 祝融

2021年5月15日，正在围绕火星运转的"天问一号"，突然一个"分身术"，一半继续绕火星运转，另一半作为着陆器（火星车）着陆火星，它就是"祝融号"。"祝融"在中国传统文化中被尊为火神，象征着光明。这一命名寓意点燃我国星际探测的火种，指引人类对浩瀚星空的探索。

**08**

**05**

## 玉兔

2013年，中国首辆月球车登月成功。取名字时，中国亿万网友大都将票投给"玉兔"，因为"嫦娥"是怀抱"玉兔"奔月的，"嫦娥"进行月球之旅，无论如何也不能少了"玉兔"啊！

**07**

## 天问

2020年7月23日，火星探测器"天问一号"成功发射，迈出了中国行星探测的第一步。"天问"源于屈原长诗《天问》，该诗是屈原对天地、自然等现象的大胆发问。这一名称展示了中国人"揽星九天"的强大决心。

**06**

## 悟空

说起悟空，大家就想到了腾云驾雾的孙大圣。2015年12月17日，中国首颗暗物质粒子探测卫星"悟空"号成功发射升空。取这个名字是期盼它不畏艰难，在茫茫太空中能具备"火眼金睛"，探测出暗物质踪影，"取得真经"。

# 这里是中国空间站

2020 年，我国空间站建造大幕正式拉开。中国空间站又名"天宫"，天宫建成后将成为我国长期在轨稳定运行的国家太空实验室，可供 3 人长期驻留，半年轮换一次。看起来，我们的"天宫"空间站就像是盖在外太空的房子，还是一套三室两厅外带储藏间的呢，我们一起来认识一下吧。

太阳能电池板提供能源。

### 中国载人航天工程"三步走"战略

**第一步** 发射载人飞船，建成初步配套的试验性载人飞船工程，开展实验。

### 实验舱 II "梦天"

配置有货物专用气闸舱，在航天员和机械臂的辅助下，支持货物、载荷自动进出舱。

### "天舟"

是为中国空间站提供补给的货运飞船，由长征七号搭载升空，负责送货，满载货物重量约 20 吨。

中国 航天

神箭

CZ-2F

天宫空间站 档案

| 造型：整体呈"T"字形 |
| 基础三舱：1个核心舱，2个实验舱 |
| 三舱总质量：66吨 |
| 三舱空间：110立方米 |
| 运行高度：400千米左右的近地轨道 |
| 轨道角度："斜着身子"绕地球，倾角42度 |
| 在轨时间：预计在轨运行10年 |

### 长征二号F运载火箭

用来搭载神舟飞船，负责载人。

任何物体想进入太空，都需要火箭的帮助。

**第二步** → 突破航天员出舱活动、飞行器交会对接等技术，发射空间实验室。

## 核心舱"天和"

发射质量 22.5 吨，可支持 3 名航天员长期在轨驻留，是我国目前研制的最大航天器。

它既是空间站的管理和控制中心，也是航天员生活的主要场所。

核心舱供航天员工作生活的空间约 50 立方米，加上两个实验舱后，航天员整体活动空间达到 110 立方米。

## "神舟"

"神舟号"载人飞船采用三舱一段，由返回舱、轨道舱、推进舱和附加段构成。另一端对接天和核心舱。

## 实验舱Ⅰ"问天"

开展舱内、舱外空间科学实验和技术试验，也是航天员的生活工作场所和应急避难场地。"问天号"还配备了航天员出舱活动专用气闸舱，支持航天员出舱进行太空行走；配置了机械臂，可进行舱外载荷自动安装操作。

对接"神舟号"载人飞船

最大直径4.2米

全长16.6米

应急逃生飞船

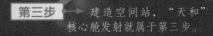

**第三步** → 建造空间站，"天和"核心舱发射就属于第三步。

63

# 遥望宇宙的中国天眼

在中国贵州的喀斯特深坑里，有一座口径 500 米的巨大球面射电望远镜（英文缩写 FAST），这是中国拥有自主知识产权的、目前世界上最大且最灵敏的单口径射电望远镜，因此又被称为"中国天眼"。

## 深山里的"大锅"

又大又圆的"中国天眼"的中间是凹进去的，用来汇聚无线电波，不过，这样的造型让它看上去像一口巨大的锅。但这口"锅"是真大：由 4450 块三角形面板拼装起来的反射面，总面积大概有 30 个标准的足球场那么大。

## 会动的"天眼"

三角形的面板是装在索网结构上的，而天眼的索网结构可以随着观测天体的移动而发生变化，因此，天眼的反射面板实际上是会动的。索网结构上的每个连接点下面都有液压促动器，研究人员通过控制促动器的活动来调整反射单元的位置，实现"天眼"反射面的精确变位。

## 悬在空中的"瞳孔"

在"天眼"的上空，悬挂着一个可移动的"小盒子"——馈源舱，这个馈源舱就相当于是"天眼"的瞳孔。来自宇宙的微弱信号来到"锅"内，都需要通过馈源舱将它们汇聚、收集起来。馈源舱实际上有 30 吨重，由 6 条钢索吊起来，可以根据需要变动位置，使自己随时处在抛物面的焦点上。

500 米

30 个

4450 块

## 看透百亿光年

　　"中国天眼"可以一眼看透100多亿光年的区域，也就是说，"天眼"理论上可以接收到100多亿光年外的电磁信号。"天眼"的建立为科学家们观测脉冲星提供了巨大的帮助，此外，它还能观测暗物质、黑洞，可以用于探测宇宙中的星际分子、探索宇宙的形成和太空生命的起源、搜索星际通信、寻找外星文明。

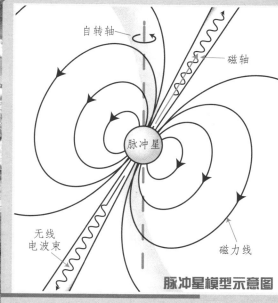

脉冲星模型示意图

### "天眼"的前世今生

1994 年　FAST 工程被提出。

2016 年　工程落成启用。

2017 年　FAST 首次发现了 2 颗脉冲星。

2020 年　FAST 通过国家验收并正式开放运行。

2022 年　公布发现了首例持续活跃的重复快速射电暴，并将其定位于在离我们 30 亿光年的矮星系处。

2024 年 2 月　截至目前，FAST 已发现 883 颗脉冲星。

# 飞驰的巨龙——中国铁路

火车如今已经成为人们出行不可或缺的重要交通工具，经过上百年的发展，在中国这片广袤的土地上，中国铁路这条巨龙飞过山地、高原，跃过平原、盆地，将触角延伸到祖国的各个角落。

咱们终于有自己的铁路了！

**第一条铁路**

詹天佑

京张铁路是中国历史上第一条自行设计、建造和运营的铁路。1905年，清政府任命詹天佑为总设计师开工建造，面对山峦、沟壑和陡坡，詹天佑巧妙地设计出"人"字形轨道，开创了中国铁路史上的伟大的壮举。

## 海拔最高的铁路

青藏铁路，连接青海省西宁市和西藏自治区拉萨市，全长 1956 千米，是通往西藏腹地的第一条铁路，也是世界上海拔最高、在冻土上建造路程最长的高原铁路，被誉为"天路"，2013 年 9 月入选"全球百年工程"，是世界铁路建设史上的一座丰碑。

## 中国铁路运营里程、重大事件示意图（改革开放以来）

| 1978年 | 1980年 | 1990年 | 2000年 |
|---|---|---|---|
| 51700千米 | 53300千米 | 57900千米 | 68700千米 |

京沪铁路、京广铁路和京九铁路贯通南北，是中国铁路南北大动脉，它们穿越繁华都市，纵横田野阡陌，成为联通京津冀地区与长江三角洲地区、珠江三角洲地区的铁路脊梁。

## 中国速度——高铁

中国高铁，书写着中国工程一个又一个传奇，也持续刷新着中国速度，已投入运营的复兴号时速高达 350 千米，从北京到上海只要 4.5 小时；京津高铁，成就 30 分钟城市通勤圈；哈大高铁，中国最北端的"极地特快"；京广高铁，8 小时甚至可以体验季节的变换。高铁为人们构筑起生活新时空。

### 游学云课堂 "碎石子"的秘密

铁路路基上铺设的"碎石子"名字叫"道砟"（zhǎ），是一种经过专门加工的石料。主要作用是把列车及钢轨的重量分散在路基上，防止铁轨因压力太大而下陷，分散压力保护轨道，降低列车经过时带来的震动和噪音，还能增强排水功能。

| | | | |
|---|---|---|---|
| 2006年 青藏铁路全线通车 | 2008年 中国第一条时速350千米的高速铁路——京津城际铁路开通 | 2010年 91200千米 | 2020年 146300千米 |

# 气吞山河的三峡工程

在湖北宜昌三斗坪，一座雄伟大坝横跨长江两岸，这便是举世闻名的三峡大坝。它伫立在长江西陵峡中段，断江截流，高峡出平湖，造就了一幅举世盛景。不仅如此，长江三峡水利枢纽工程还是当今世界上规模最大的水利枢纽工程。

## 大坝上孔洞的秘密

三峡大坝上设置了许多孔洞，有的孔洞用来泄洪，有的孔洞连接水电站的水轮发电机组，用于发电。除此之外，大坝上还设置了泄洪排漂孔和排沙孔，分别用来排虾蟹漂浮物和排沙。

## 超级搬运工

当水库的蓄水位达到 175 米时，大坝上游大概会比下游高了近 40 层楼，这么高的落差，船只要怎么翻过去呢？

这就要说到三峡工程的通航建筑物啦，此建筑物分两种，一种是目前世界上最大的双线五级船闸，是给 3000 吨以上的大船用的，大船来到闸门口，一级一级地逐层升上去或降下来。小船就不用这么麻烦了，直接乘坐类似电梯的垂直升船机升降就行了。

## 防洪抗汛的壮士

三峡工程的重要任务之一就是调节洪水。三峡大坝是世界上规模最大的混凝土重力坝，正常蓄水位可达175米，水库容量有393亿立方米，防洪库容达221.5亿立方米。当有洪水来袭时，水库会先预留出防洪库容，并按照防汛指令，开启泄洪孔洞，以此来削减洪峰，调节洪水，减少伤害。

## 绿色电力银行

三峡水电站由坝后式电站、地下电站以及电源电站组成，这里配有32台70万千瓦的水轮发电机组和2台5万千瓦的电源机组，总容量高达2250千瓦，居世界第一。2023年的数据显示，自投产以来，三峡电站累计发出的优质清洁电力能源相当于节约了数亿吨标准煤，减少了二氧化碳的排放，为全球环保做出了重要贡献。

**三峡工程 档案**

1. 三峡水利枢纽工程主体建筑包括拦河坝、水电站和通航建筑物。
2. 三峡枢纽坝轴线总长为2309.47米。
3. 坝顶高程185米。
4. 坝顶宽度40米。
5. 坝底宽度115米。

## 长江黄金水道

在三峡工程建成前，从宜昌到重庆的长江段河道狭窄、水流湍急，给船只的航行带来了诸多不便，而三峡工程的出现，大大改善了长江的通航条件，增加了安全性，降低了船只往来的运行成本，提升了长江的通航能力，将长江发展成了一条"黄金水道"。

# 南水北调："远水"救"近渴"

全国水资源总量
**29638**
亿立方米

北方 25.17%

南方 74.83%

中国的淡水资源大概占到世界的6%，是个水资源大国，不过同时，中国也是个干旱缺水严重的国家。中国人口数量多，人均水资源占有量很少，只有世界人均占有量的1/4。中国的水资源空间分布也很不均衡：南多北少，东多西少。

河北石家庄南水北调中线总干渠

## 从畅想到现实——四横三纵

我国南方水多，北部水少，所以有了"南水北调"工程。经过研究，工程计划建设东、中、西三条线路，从长江流域调水来解决北方缺水干旱的问题，这三条线路和长江、淮河、黄河、海河一起构建成了"四横三纵"的大水网。

### 游学云课堂
**地球上有多少淡水？**

地球水资源量大，被称为"水球"，但实际上，地球上的水只有2.5%是淡水资源，而淡水资源中真正可以被直接利用的只有那些浅层的地下水和江河湖泊里的水，它们只占全球淡水资源总量的0.3%。

### 驿站——就地取材做蓄水库

　　工程沿线的天然湖泊比如洪泽湖、骆马湖等也被工程师们利用了起来做成了蓄水库。抽过来的水可以进入就近的蓄水库暂时"休息"，这样不仅可以净化水质，也能让水存储起来、方便再次调配。这些天然的露天蓄水库不仅改善了当地的环境，还能蓄滞洪水，一举多得。

### 天上——提水爬坡，引流而上

　　东线工程的起点在长江下游的扬州，计划从这里抽引长江水，再利用京杭大运河等河道，一路向北送水。中国地势总体南低北高，为了让水能往高处走，工程师们在沿途建设了数十座泵站，组成了世界上规模最大的水泵群。通过 13 次提升，水被一级级抬高，实现了引流而上。

### 地下——钻到地下穿过黄河

　　中线工程引来的江水在河南郑州遇到了黄河，为了让江水穿过黄河，工程师们开启了"穿黄工程"，最终成功地在黄河河床下面开凿出了两条长4250 米、单洞直径 7 米的隧道。"穿黄隧道"是南水北调工程中单项工期最长、规模最大、施工难度最复杂的建筑。

南水北调工程河南郑州段

京杭大运河杭州段（局部图片）

中线通水后，水质明显改善，口感变甜。

高程106米
南岸进水口
南北落差6米
高程100米
北岸出水口
黄　　河
竖井
邙山隧洞800米
穿黄隧洞3450米

71

# 跨江过海的中国大桥

桥梁作为一种交通枢纽，跨过沟谷，越过水面，为人们的生活带来了便捷。随着技术的进步，越来越多的桥梁在中国飞架而起，它们跨江过海，将天堑变成了通途。

有了大桥，你们也能畅通无阻。

## 京沪高铁第一桥

南京大胜关长江大桥是世界上第一座六线铁路大桥，同时也是世界上荷载最大的高铁桥梁。可以同时并行六列火车，是京沪高铁、沪蓉铁路在南京跨越长江的一条重要越江通道，这座主桥长9273米，曾在2012年的国际桥梁大会上获乔治·理查德森大奖。

## 北盘江第一桥

北盘江第一桥屹立在北盘江大峡谷之巅，它跨过了深深的大峡谷，将云南和贵州连接了起来，大大节省了两省之间的往来时间。北盘江第一桥全长1341.4米，桥面与谷底的垂直距离有500多米，大约有200层楼那么高，是目前世界上最高的跨江大桥。

## 万里长江第一桥

　　武汉长江大桥是长江上建起来的第一座公路、铁路两用跨江大桥，因此被称为"万里长江第一桥"，这座公铁两用桥全长 1670 米。武汉长江大桥的出现彻底改变了长江这条天堑有船无桥的历史，不仅便捷了交通还降低了运输成本，带来了巨大的经济效益。

## 连接三地的海上巨龙

　　港珠澳大桥全长 55 千米，包含四座通航桥、两座人工岛和一条长达 6.7 千米的海底隧道，是目前全世界已建成的跨海大桥中跨度最大、长度最长的大桥，它将香港、珠海和澳门三地连接在了一起，大大地方便了三地之间的通行。

## "禁区"上的公铁桥

　　平潭海峡公铁大桥将福建的长乐和平潭连接了起来，全长 16.34 千米，是世界最长的跨海公铁两用桥。它所在的海域和百慕大、好望角并称为"世界三大风暴海域"，是一处"建桥禁区"。大桥的顺利通车展现了中国先进的建桥技术和建设者不畏挑战的气魄。

### 游学云课堂
### 阻尼器的秘密

　　那些立在大江大海上的大桥，之所以能在每日车辆通行的震动中安然无恙，甚至在大风、地震中依旧能稳如泰山，都是阻尼器的功劳。这些安装在桥梁上的小小阻尼器可以吸收能量，大大衰减冲击力带来的振动，从而保持桥梁的稳定。

### 世界大桥之最

世界首座高铁悬索桥——五峰山大桥
世界开放时间最短的桥——英国千禧桥
世界最长的双层桥——日本明石海峡大桥
世界最不对称的桥——德国塞晤林大桥
世界最无奈的桥——意大利威尼斯的叹息桥
世界最恩爱的桥——匈牙利自由大桥

# 探海神器——"蛟龙号"

　　"蛟龙号"是中国自主研发、自行设计的首台载人潜水器,它的出现意味着我国的载人深潜能力从 600 米跨到了 7000 米,而在 2012 年 6 月 27 日,"蛟龙号"在马里亚纳海沟下潜到了 7062 米的深度,再创中国作业型载人潜水的下潜深度纪录。

『蛟龙号』档案

体型: 长8.2米,宽3.0米,高3.4米
体重: 空气中重量不超过22吨
速度: 巡航每小时1海里,最大时速为25海里
深度: 最大下潜深度为7000米
广度: 可在占世界海洋面积99.8%的广阔海域中使用
水下工作时长: 12小时

### 你知道吗?

　　"蛟龙号"的顺利下海,标志着我国成了继美国、法国、俄罗斯、日本之后,世界上第五个掌握了3500米以上大深度载人深潜技术的国家。

▶ **1973 年** 美国"阿尔文号"载人潜水器,下潜的深度为 4511 米,下潜次数近 5000 次,是世界上目前下潜次数最多的载人潜水器。

▶ **1985 年** 法国"鹦鹉螺号"潜水器,下潜最大深度为 6000 米。

▶ **1987 年** 俄罗斯是目前世界上拥有载人潜水器最多的国家,"和平号"潜水器最大下潜深度 6000 米,"和平 1 号""和平 2 号"是世界上唯一一对可配合作业的载人潜水器。

▶ **1989 年** 日本的"深海 6500"潜水器下潜深度为 6500 米,最高纪录为 6527 米。

▶ **2012 年** 中国"蛟龙号"载人潜水器下潜到了 7062 米的深度。

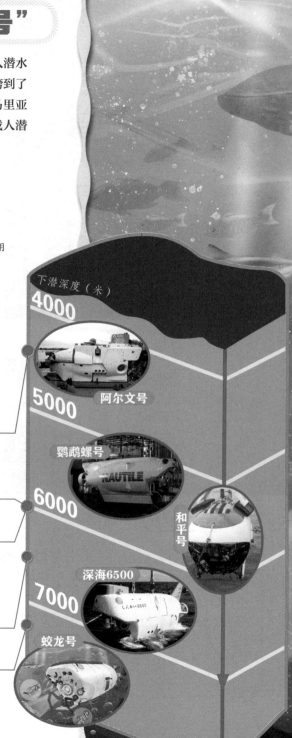

下潜深度(米)

4000

5000　阿尔文号

鹦鹉螺号

6000　和平号

深海6500

7000

蛟龙号

## "蛟龙号"在海中转向的秘密

"蛟龙号"的身上一共有7个推进器：头上1个，这一个负责左右转向；前部左右两侧各1个，它们负责前进、后退、上浮以及下沉；尾部4个则是用来帮助前进和后退。在这7个可以作用于不同方向的推进器的帮助下，"蛟龙号"才能在海中轻松地改变方向。

## "蛟龙号"信息传输的秘密

"蛟龙号"在具有先进的海底微地形地貌探测能力的同时还拥有先进的水声通信系统，可以高速地将语音、文字、图像以及数据信息传送到距它几千米远的母船上。对了，鲸鱼们就是采用这种水声通信方式进行沟通交流的。

## 外壳

"蛟龙号"的外壳由先进的复合材料制作而成，既轻便又拥有很强的抗压能力和抗腐蚀性，能够将"蛟龙号"里的设备和工作人员很好地保护起来。

## 载人耐压舱

内舱直径2.1米，可以容纳三人。

## 推进器

## 压载铁

在"蛟龙号"的下方，有两组压载铁，靠其重量下潜。

## "蛟龙号"下潜和上浮的秘密

"蛟龙号"每次下海工作时都会带上两组压载铁，在它们的帮助下，"蛟龙号"可以沉入海里，等到了一定深度时就会卸掉一块压载铁，达到悬停的状态，等需要上浮时，"蛟龙号"再将另一块压载铁卸下，整体重量变轻，重力小于浮力，"蛟龙号"便轻松地浮上来了。

## 观测窗

## 机械手

这两只位于正前方的机械手用来帮助"蛟龙号"拿取物体、采集样本。

# 万物生灵

## 森林里的奇趣动物

我国西南地区幅员辽阔，地形地貌种类多样，气候类型丰富，地质历史悠久，丰富的生态系统适宜动物生存，因此这里的动物种类异常丰富。

### 国宝大熊猫

大熊猫是我国特有的珍稀动物，它体态丰满，四肢粗壮，尾巴短秃，毛色黑白相间，特别可爱。但大熊猫之所以这么"穿搭"，不是为了卖萌，而是为了保护自己。在雪地、茂密的树丛中，黑白色是最好的保护色，很难被其他动物发现。

### 地下的恐龙王国

在远古时期，四川地区生活着很多恐龙：蜀龙、永川龙、峨眉龙、华阳龙……虽然恐龙在约 6500 万年前就灭绝了，但你可以在这里看到这些庞然大物的化石。

### 穿金袍的猴子

川金丝猴长着一个朝天鼻，所以人们又称它为"仰鼻猴"。川金丝猴有着蓝色的脸庞、蓝色的嘴唇，天蓝色眼圈有点儿凹陷。它们最引人注目的是一身金黄色的长毛，在阳光的照射下金光闪闪，好像穿着一件金色的大衣。

### 最不怕冷的金丝猴

滇金丝猴身披黑色的长毛，长着白色的小脸，粉红色的嘴唇好像涂了口红一样，主要栖息于海拔 2800 ～ 4300 米的高山，是栖息地海拔最高的灵长目物种之一。

### "富有" 的金钱豹

金钱豹有的隐藏在森林和丛林中，有的生活在山区的树林边缘。金钱豹体形像虎，但比虎小得多。它们黄色的皮毛上点缀着漂亮的黑斑，像烙上去的一枚枚古钱。金钱豹机警、灵敏，爬树本领非常高，能猎食鹿等大型动物。

### 亚洲象

高大魁梧的身体，硕大的头部，蒲扇般的大耳朵，缠卷自如的象鼻，长长的象牙，如柱子般粗壮的四肢，浅灰或褐色的皮肤以及稀疏而粗糙的体毛，是它们的共同特征。

### 游学云课堂
### 为亚洲象、非洲象找不同

亚洲象的体形比较小，后背比较弓，耳朵也要小一些，长鼻前端只有一个指状突起。只有雄象长有长长的象牙，而雌象的牙很短或者根本没有。非洲象的体形要比亚洲象大，而且后背比较平缓，耳朵呈圆形，鼻尖上有两个巨大的指状突起。雄性和雌性都有长牙，只是雄性的长牙要长得多。

# 高原上奔跑的精灵

即便在高海拔的高原地区，我们也能见到许多野生动物奔跑的身影。高原气压低，氧气稀薄，气候相对恶劣，为了适应这里的生活，高原动物们进化出了强大的呼吸系统、厚厚的脂肪和浓密的绒毛。

## 白屁股藏原羚

体形小巧的藏原羚是青藏高原的特有物种，雄性的头顶上长着一对小犄角，雌性则没有。藏原羚远远看去跟藏羚羊长得很像，因此常被误认为是藏羚羊，不过，藏原羚的屁股很特别，上面的毛是白色的，组成了一个心形的图案，藏原羚也因此被当地人称为"白屁股"。

## 像牛又像羊的羚牛

在青藏高原上生活着这样一种像牛又像羊的动物——它体形似牛般高大，却有着"羊脸、羊胡子"；它性情如牛，但叫声像羊，这种动物便是羚牛。唉，瞧这纠结的名字。羚牛不论雌雄，头上都长有一对尖角，它们的角基部厚实，角尖向后，整体呈扭曲状，因此，羚牛又被称为"扭角羚"。

## 身负气囊的藏羚羊 ▲

在我国的青藏高原上，生活着一种身材矫健、擅于奔跑的高原动物——藏羚羊，它们被称为"可可西里的骄傲"，有"高原精灵"的美誉。藏羚羊的身上长着四个喷气式气囊，这些气囊能喷出大量的气体来推动它们向前移动，加快它们的移动速度。

## 水陆双全的白唇鹿

白唇鹿是我国特有的一种鹿。它们的嘴唇和下巴周围的毛是白色的，由此得名。另外，它们的屁股上有淡黄色的毛，因此又被称为"黄臀鹿"。白唇鹿能在陆地上奔跑，会爬山，能在裸岩峭壁上活动，还会游泳，能轻松渡过水流湍急的宽阔水面。

## 5 全身是宝的牦牛

野生的牦牛性情暴戾，可不好惹，受到伤害时，它们会奋起反抗，拼命攻击敌人。不过，驯化后的牦牛性情则温顺了许多，是藏族人民的生活好搭档：牦牛奶可以喝，牛粪可以烧火，毛可以制作衣服，牦牛既可以进行农耕，还可以当 ◀ 搬运工，帮忙运输物资。

## 6

### 狐狸中的另类 ▲

藏狐和常见的尖脸狐狸不太一样，它们的脸是方形的，拥有灵敏的嗅觉和极高的警惕性，行动敏捷，在逃跑的时候会回头张望。藏狐大多生活在干旱或半干旱的高原地带，会自己打洞安穴，但也经常会去抢占其他动物的洞穴。

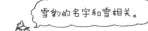

雪豹的名字和雪相关。

不仅如此，我们还有"雪山之王"的美称。

## 7

### ▲ 美丽的"雪山之王"

外形美丽的雪豹常年在雪线附近和雪地中活动，以岩羊、盘羊、北山羊等山地动物为食，处于高原生态食物链的顶端，有"高海拔生态系统健康与否的气压计"之称。雪豹擅长奔跑，喜欢在夜里出来活动，多采用伏击的方式来捕猎。

### 动物分布地海拔对比

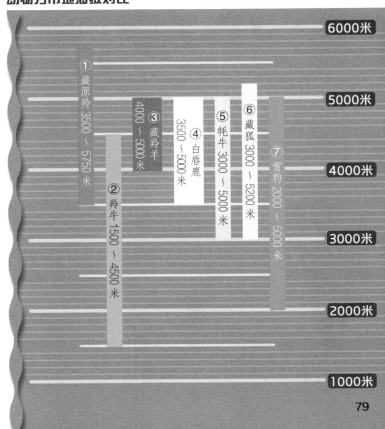

- 6000米
- 5000米
- 4000米
- 3000米
- 2000米
- 1000米

① 藏原羚 3500～5750 米
② 羚牛 1500～4500 米
③ 藏羚羊 4000～5000 米
④ 白唇鹿 3500～5000 米
⑤ 牦牛 3000～5000 米
⑥ 藏狐 3000～5200 米
⑦ 雪豹 2000～5000 米

# 冰雪王国的"居民"

冬天，寒冷的北方下起了大雪，整个世界成了美丽的冰雪王国，生活在这里的人们会通过添衣服、取暖来抵御严寒。而动物们呢，有的早早成群结队地飞向了温暖的南方；有的会找个舒服的地方安静地睡上一大觉；有的则毫不畏惧严寒，在冰天雪地里快乐生活。

## 珍贵的"百兽之王"

东北虎的学名叫西伯利亚虎，是地球上现存最大的老虎，它们体形庞大，体重最重的甚至超过了 350 千克，都和 5 个成年男性差不多重了。东北虎还会游泳、爬树，它们不仅长得威武霸气，额头还有个很像"王"字的花纹，被称为"百兽之王"。

## 皮毛金贵的紫貂

紫貂长得像黄鼬，身上的毛是灰褐色至黑褐色的，耳朵大大的，尾巴上的毛又长又蓬松，看上去十分可爱。紫貂四肢短健，爪子尖利，擅长爬树。紫貂的毛皮十分珍贵，有"软黄金"之称，不过，这也为它们带来了杀身之祸。野生紫貂数量稀少，已被列为国家一级保护动物。

## 呆萌可爱的狍子

狍子是鹿科的一种动物，雄狍子头顶会长出两只角，角有三个叉，到每年秋天或初冬的时候，角都会脱落，再过段时间，新的角还会长出来。狍子的屁股上有白色的毛，遇到惊吓时会"炸毛"，愣在原地"看热闹"，被追赶时还会将头埋到雪里。

## "鸟类中的大熊猫"

深秋迁去南方越冬，春天会回到东北地区繁殖的中华秋沙鸭是中国一级重点保护野生动物，是距今1000多万年的第三纪冰川期后幸存下来的物种，有"鸟类中的大熊猫"之称。它们名字中有"鸭"，但嘴巴却是尖尖的，而非鸭子那样扁扁的。中华秋沙鸭不光能像鸭子那样游泳、潜水，还会像鸟那样飞上树筑巢安家，十分有趣。

## 仙气飘飘的丹顶鹤

丹顶鹤的脖子和脚修长，头顶上还有块红色的"印记"，事实上，这是因为它们头顶是秃的，没有羽毛，头皮处的毛细血管显现了出来，看上去鲜红鲜红的。丹顶鹤体态优美且"能歌善舞"，在繁殖季节，雄性丹顶鹤遇到喜欢的对象时，会用响亮的叫声和优美的舞姿来吸引对方的注意。

## 聪明"善变"的雪兔

雪兔体形比常见的兔子要稍大些，体长一般在50厘米左右。雪兔在食物链中处于底部，为了保护自己，它们的毛色可以根据环境发生变化：冬天，为了将自己隐蔽在白雪中，它们的体毛除了耳尖和眼周，都会变成白色；夏天，体毛又变成了和地面颜色相近的棕褐色。

### 游学云课堂
### 古人口中的仙鹤到底是什么鹤？

在传说或古画中，我们经常能发现"仙鹤"的身影，这些仙鹤的形象正是源自丹顶鹤。丹顶鹤自古就有幸福、吉祥、长寿的寓意，是公认的文禽。丹顶鹤在古代的地位仅次于凤凰，有"一品鸟"之称，是"一鸟之下，万鸟之上"的存在。在明清时期，一品文官的官服补子上会绣上丹顶鹤以示身份。

# 海洋里的珍宝

在我们生活的地球上，海洋的面积超过了70%，广阔的海洋里生活着多种多样的生物，记录在册的海洋生物目前已超过了20万种。中国海域辽阔，海洋生物种类丰富，其中还有不少珍稀物种。

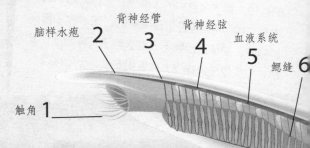

脑样水疱　背神经管　背神经弦　血液系统
触角 1　2　3　4　5　鳃缝 6

## "海上大熊猫"
### 国家一级重点保护野生动物

中华白海豚主要栖息在近岸的海域，是唯一以"中华"命名的海洋豚类，被誉为"海上大熊猫"。它们的视力很差，在水中主要靠回声定位系统来辨别物体的位置和方向。它们不喜欢群居，经常是单独活动或几只聚在一起，性情活泼，经常跳出海面活动。

### 游学云课堂
**会变色的中华白海豚**

虽然它们的名字叫"白海豚"，但中华白海豚的体色并不一直是白色的。随着年龄的增长，体色会从年幼时的暗灰色慢慢变成浅粉色，到了成年体色会变成纯白，少数海豚在这个时期身上还会有少量的灰斑。

## 海洋活化石
### 国家二级重点保护野生动物

鲎（hòu）是一种非常古老的海洋动物，属于节肢动物，它出现在地球上的时间比恐龙还早，更让人惊叹的是，4亿多年的时间里，它们在形态上并没发生过什么巨大的变化，因此被称为"活化石"。不过，目前世界上仅存活着中国鲎、圆尾鲎、南方鲎和美洲鲎这四种鲎了。

鲎长得好特别啊！

是啊，它们的身上好像倒扣着一个面盆。

## 叫鱼不是鱼
### 国家二级重点保护野生动物

文昌鱼是一种身体细长、不善运动、喜欢将身体埋在沙中的小型海洋动物。文昌鱼虽然长得像小鱼但并不是鱼，而是一种没有"头"的头索动物。文昌鱼作为一种原始的脊索动物，是无脊椎动物向脊椎动物进化的中间过渡型，具有很高的研究价值。

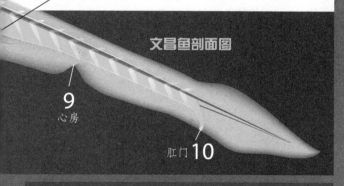

7 肠

8 肝样囊

文昌鱼剖面图

9 心房

肛门 10

## 古老的中华鲟
### 国家一级保护野生动物

中华鲟是中国特有的一种大型河海洄游性鱼类，最长寿命有 40 岁，平时在近海水域生活，它们在那里生长发育，等到发育成熟时便进入江河进行繁殖。中华鲟的种族十分古老，是世界现存的鱼类中最原始的种类之一。

## 中国海洋的原住民
### 国家二级保护野生动物

黄唇鱼是中国海域里的原住民，是中国特有的海洋生物，主要生活在东海和南海。黄唇鱼的生长周期长，野外自然生长的黄唇鱼想要产出完全成熟的鱼卵，体重必须长到 30 斤以上才行。

## 太平洋的客人
### 国家一级保护野生动物

分布在西太平洋的斑海豹，是唯一一个在中国繁殖的海豹，每年到了繁殖时期，它们就会从西太平洋洄游到辽东湾来生活。为了保护这些可爱的客人们不受伤害，中国在它们常来的海域建立了国家级自然保护区。

### 游学云课堂
### 蓝色血液

中国鲎的蓝色血液里含有多种有药用价值的化学物质，科学家用鲎血研制出了"鲎试剂"。但是，鲎的生长周期很长，从幼年长到成年需要很多年的时间，根本无法满足人类的需求，因此，野外鲎的数量锐减，甚至到达了濒危级别。鲎的生存前景并不乐观，形势严峻，保护它们刻不容缓。

# 你不知道的动物之最

## 陆地上最大的食肉动物是什么？

身穿"大皮袄"的北极熊是陆地上最大的食肉动物。雄性北极熊一般都有 300 ～ 600 千克重；雌性北极熊则小一些，体重大约在 200 ～ 400 千克。北极熊虽然身体又胖又大，头、耳朵和尾巴却很小。

## 哪种动物最臭？

臭鼬堪称世界上最臭的动物，它们长着黑白相间的皮毛，非常醒目，好像在警告敌人：离我远点儿，否则我就要发怒了。如果敌人不理会它的警告，那么臭鼬就会使出它的拿手绝活——竖起尾巴，转过身体，对着敌人喷射出一种恶臭的液体。这种强烈的臭味可致敌人昏厥。所以，大部分猎食者见到臭鼬后，都会转身离开，除非这些猎食者太饿了。

## 什么动物最耐渴？

树袋熊以桉树叶为食，并从中获取 90% 的水分，所以它们平时不喝水，生病或干旱的时候才喝水，有的树袋熊甚至一辈子都不喝水，可真称得上最耐渴的动物。

## 哪种哺乳动物奔跑最快？

猎豹是陆地上奔跑速度最快的哺乳动物，被称为"短跑冠军"。一只成年猎豹能在几秒之内将速度提到 113 千米 / 时（但不能持久），这样的速度甚至可以和普通的火车赛跑了。

猎豹的身体呈流线型，这样可以减小奔跑时的阻力，让它跑得更快，粗壮有力的四肢也非常适合奔跑。

## 什么鸟飞得最远？

北极燕鸥是鸟类中的"飞行健将"，也是一种候鸟，它们能在南北两极进行令人难以置信的长距离飞行。北极燕鸥最长可以飞行约2万千米，每年往返就要飞约4万千米，这个距离能绕地球赤道一周了。

## 最大的有袋类动物是啥？

有袋类动物是澳大利亚典型的哺乳动物，其最典型的特征是母体的腹部有个哺育幼仔的育儿袋，幼崽刚出生后会爬进育儿袋中，随后在育儿袋中进行发育。有袋类动物中最小的是扁头袋鼩，最大的是袋鼠。我们都知道的树袋熊也属于有袋类动物。

袋鼠前肢短小，后肢健壮，十分擅长跳跃，有时一次跳跃可达4米高。

## 最小的鸟是什么？

蜂鸟是世界上最小的鸟。蜂鸟有很多种，它们的个头都很小，最小的蜂鸟还没有一只黄蜂大，最大的蜂鸟也不过21克重。别看蜂鸟长得小，它们的飞行技巧却非常高，可以在1秒钟之内扇动50次翅膀，使自己悬停在空中。不仅如此，蜂鸟还能倒着飞。

## 世界最大的动物是什么？

蓝鲸生活在海洋中，是世界上体形最大、体重最重的动物。蓝鲸个头非常大，一条舌头就重达2吨。刚出生的蓝鲸幼崽比一头成年的大象还要重，在蓝鲸面前，大象就是个"小婴儿"。

# 大显神通的本草

在中国，古人发现有些植物能够用于治疗病痛，明代的李时珍还专门为这些药用植物撰写了一本书——《本草纲目》。经过千百年的沿用，"本草"成为古人对中药的一种称呼。

## 远古遗留下来的本草

银杏是中国特有的一种珍稀植物，科学家推测，银杏最早可能出现于古生代石炭纪，在白垩纪晚期至新生代开始衰败，第四纪冰川以后，只有中国有活银杏树保留下来，成了一种子遗植物，被称为"世界第一活化石"。

## 野草也有大功效

蒲公英是菊科下的一种多年生草本植物，是一种非常常见的野草。蒲公英生存能力强，耐旱、耐涝、耐寒、耐高温，藏在地下的根甚至可以忍受零下 50 摄氏度的低温。蒲公英不仅可以靠随风飘散的种子来繁殖，还可以靠分根的方式繁殖。

## 高山上的塔黄

生长在海拔 4000 ～ 4800 米处的塔黄是一种有名的藏药。为了在环境恶劣的高山地区生活下来，塔黄进化出了特殊的苞片：它们的苞片层层相互重叠在一起，做成"温室"，将花的器官严实地包裹在里面，保证花粉的健康。

塔黄的根有很强的水土保持作用，根系发达，可以入药，有泻热、散瘀、消肿的作用。

中医上，蒲公英整株采收后，经洗净、干燥后，可以全草入药，性寒，味苦，有清热解毒的功效。

## 珍贵的人参

人参是一种多年生的草本植物，寒冷湿润的落叶阔叶林或针叶阔叶混交林是它的家。人参的浆果是红色的，不过一般成为药材的是它的根，根呈圆柱形或纺锤形，上面有一些根须，整个看上去就像是一个小人，因此被叫作"人参"。

人参是中国珍稀濒危植物，如果你在野外见到了它，千万别去打扰它，可以联系相关部门来保护它。

**游学云课堂**
**献给世界的礼物**

青蒿是一种中草药，是黄花蒿的地上部分，最早出现在《神农本草经》里，是"治疗疟疾之草"。中国著名药学家屠呦呦受中医启发，和团队在黄花蒿的茎叶中提取出了青蒿素，这是一种新型抗疟药。2015年，屠呦呦和她的团队因此获得了诺贝尔生理学或医学奖，这是中国第一次由本土科学家获得自然科学领域的诺贝尔奖。

## 水果里的本草明星

印象中的中草药都是苦的，但实际上，酸甜可口的水果中也有不少本草"明星"。

酸酸的山楂在中医上常被用来健胃消食、行气散瘀。在秋天，人们常将成熟的山楂果采摘下来切片、晾干，待干燥后保存起来泡茶喝。

龙眼是一种甜滋滋的水果，干燥后的龙眼又被称为桂圆。桂圆肉有补益心脾、养血安神的功效。

# 东方树叶——茶

中国是茶的故乡。在中国，茶的历史可追溯到远古时期，发展到现在已有好几千年。茶树的品种越来越多，比较有名的如大红袍、竹叶青、铁观音等，茶在走向世界后被誉为"神奇的东方树叶"，让我们来看看茶叶小史。

## 从野外到茶园

**远古时代**

传说，神农在"尝百草"时吃到了毒药，就是靠茶来解毒的。一开始，茶叶并不都是用来泡着喝的，相传，在远古时代，人们喜欢把新鲜的茶叶放在嘴里嚼着吃。

**春秋战国**

这一时期，人们把茶当作一道菜，往茶叶里加葱、陈皮、姜等佐料后加水熬成"粥"，据说味道还不错。

**秦汉时期**

茶叶作为一种饮品被大家熟知。这一时期，还有以茶代酒的记载。

嫩芽

成熟叶

叶柄

**唐朝**

到了唐朝，喝茶已经成为潮流，这一时期奠定了中国茶文化的基础。唐朝有位叫陆羽的人，十分爱喝茶，他对茶进行了深入的研究，写下了世界上第一部茶学专著——《茶经》，陆羽也因此被称为"茶圣"。

**宋元时期**

到了宋朝，茶文化更是再一次得到了升华。宋朝人喜欢点茶、斗茶，还将斗茶和插花、挂画、品香并称为"四大雅事"。不过，那时候人们喝的都不是茶叶，而是茶粉。一直到了明朝，才出现了冲泡茶叶的习惯。

**清朝至现在**

从清朝开始，人们喝茶的方式和现在基本一样。现在，喝茶既可以是一种家常生活，也可以是一种文化体验，在大街上也能看到各式各样的茶饮店，中国茶成了世界三大饮料之一。

## 从枝头到茶杯

**1 采青**

从枝头将嫩叶采下，采下的叶子称"茶青"。

**2 摊晒**

将茶青摊晒，减少叶片水分。

**3 炒青**

利用高温去除多余的水分和鲜叶中的"臭青"味，使叶片变软，方便揉捻。

**4 揉捻**

像揉面团那样揉茶叶。不同茶叶的揉捻程度也不同。

**5 渥(wò)堆**

一般，茶青的制作到揉捻就告一段落了，但是根据发酵程度的不同，有的茶叶还要有一个"渥堆"的过程——将揉捻过的茶青堆积存放，使它们产生另一种发酵，茶叶的颜色会因为氧化而变得深红，这就是我们常说的普洱茶。

**6 筛检**

将茶叶进行筛选和挑拣。

藏族喝酥油茶，维吾尔族喝奶茶。

按照发酵程度由低到高划分，茶叶家族可分为绿茶、白茶、黄茶、青茶、红茶和黑茶。

| 绿茶 | 白茶 | 黄茶 | 青茶 | 红茶 | 黑茶 |
|---|---|---|---|---|---|
|  |  |  |  |  |  |
| 代表：碧螺春、竹叶青、龙井 | 代表：白毫银针、白牡丹 | 代表：霍山黄芽、君山银针 | 代表：大红袍、冻顶乌龙、铁观音 | 代表：武夷小种、祁门红茶 | 代表：安化黑茶、普洱茶 |
| 不发酵 | 微发酵 | 轻发酵 | 半发酵 | 全发酵 | 后发酵 |

# 桑与蚕的故事

蚕是一种蛾的幼虫，它们吃桑叶长大，和所有鳞翅目昆虫一样，蚕在"变身"前也会结茧，特别的是，蚕结茧前会吐丝把自己包起来。可别小看这些蚕丝，它们不仅是一种纤维资源，更凝结着人类的智慧，是文明发展的见证。

## 浑身是宝的树

桑树原产自中国，大概有四五千年的栽培史了，它是一种乔木或灌木，有的桑树可以长到 10 米高。桑树浑身是宝：根皮、枝条和果实是一种药材；叶子可以给蚕当食物；树皮可以用来造纸；木材可以用来做家具；果实又叫桑葚，是一种酸甜可口的水果，也可以酿成桑子酒。

## 软糯的蚕宝宝

蚕刚从卵里出来的时候可不是白色的，它们又黑又小，被称为蚁蚕。蚕随着身体的变大会蜕皮，蜕掉的皮实际上是一种外骨骼，这种皮不能随着身体的长大而长大，只能"脱掉"。在经历 4 次蜕皮后，蚕长到了 5 龄，慢慢地，蚕就不吃东西了，而是去寻找合适的地方开始吐丝。

## 摇头晃脑，不停摇摆

蚕在吃东西的过程中会积累大量的氨基酸，这些氨基酸存储在丝腺里面，最终转化成了丝液，蚕吐出丝液，丝液与空气接触凝固成蚕丝。蚕在吐丝的过程中头会有规律地摆动，在空中以"S"或"8"形持续吐丝，蚕一生只吐一根丝，这根丝不间断。

## 桑蚕的起源

中国是世界蚕桑的起源地，种桑养蚕是古代农业经济重要的一部分。宋朝开始，国家就有了专门的机构来管理桑蚕之事。现在的家蚕是野蚕驯化来的，传说在远古时期，黄帝的妻子嫘祖发现了蚕丝的秘密，她带领大家养蚕缫丝，开启了养蚕文化。

## 神奇的蚕丝

　　蚕丝可以用来做衣服、做蚕丝被、做蚕丝面膜。蚕丝中的蚕丝蛋白还可以被提取出来制成各种医疗材料，比如手术缝合线、人造皮肤、心脏支架等。蚕丝韧性强大，还可以成为降落伞等工具的制作材料。

4. 蛹羽化成蚕蛾，等翅膀硬了后就交配，开始繁殖后代。

## 蚕的变态发育过程

3. 蚕经过 4 次蜕皮后，停止进食，吐丝结茧，自己躲在茧里化成蛹。

2. 蚕破壳而出，开始吃桑叶，逐渐长大。

1. 雌蛾产下大量的受精卵后就自然死亡。

## 了不起的丝绸大国

　　世界上最大的丝绸生产国便是中国了，2000多年前，张骞从西汉的都城长安出发，经甘肃河西走廊和新疆，凿空西域。此后使者、商人往来其途，到达中亚、南亚、西亚以及地中海和欧洲、非洲部分地区，这条商旅之路以丝绸影响最大，因此被称为"丝绸之路"。

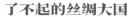

# 中国植物与节日

中国是一个多民族的文明古国，在长期的历史进程中，由于各个民族自身传统文化的发展，逐渐形成了许多传统节日，而其中的许多节日与植物有关。

根据花开的情况，每年4～5月，洛阳都会举办牡丹文化节。

## 端午节与植物

每年农历五月初五是端午节，民间有悬挂艾叶的习俗——人们将艾叶挂在门上，以求驱灾避祸，祈求百福。

过去，北方的妇女在这天还会头戴一朵火红的石榴花，这是因为人们认为石榴是多子多福的象征，能够带来吉祥幸福。

艾叶可以食用，嫩茎用沸水焯（chāo）熟，然后换水浸洗去除苦味，加入油、盐调拌。

粽子是端午节时不可缺少的食物，在北方，人们用芦苇叶包粽子，而南方则一般以箬（ruò）叶为主。

## 洛阳的牡丹节

牡丹是河南洛阳的市花，洛阳的牡丹自古闻名，素有"国色天香，万花一品"的美誉。每年四月是牡丹花盛开的季节。这段时间，洛阳市都要举行盛大的牡丹花会，各种名贵的牡丹花争奇斗艳，吸引来自海内外的游客，游客们在此流连忘返，尽情欣赏牡丹花的魅力。

## 荷花生日

在江南水乡，荷塘连片。荷花夏季才开放，因此古人将每年农历六月二十四日定为荷花生日，即观荷节。每逢这一天，男女老少都纷纷到荷塘赏荷，极一时之盛。古人不但在观荷节观赏荷花，同时还有在这一天品尝用荷花制作的食物的习俗。

### 重阳节插茱萸

　　茱萸是中国特有的名贵药材，具有浓烈的香味，有驱蚊杀虫的功效。古人认为，在重阳节佩戴茱萸，能驱邪避恶。汉晋时期人们就有佩戴茱萸的习俗。

### 桂花与中秋节

　　每到中秋月圆之时，一树树桂花相继开放，散发出浓郁的香气。中秋团圆之夜欣赏桂花和明月，是中国人的习俗。在花好月圆之际，人们品赏皎洁的明月、幽香的桂花，佐以桂花酒、桂花茶、桂花月饼等，讲述"嫦娥奔月"的传奇故事，非常浪漫。

### 重阳节赏菊

　　菊花是中国传统名花，逢农历九月开放。古时，人们会在农历九月初九重阳节这天登高赏菊。提起菊花，人们首先会想到不为五斗米折腰的田园诗人陶渊明，他辞官后，便以"种菊、采菊、赏菊、咏菊"为乐，他的诗句"采菊东篱下，悠然见南山"，已成为咏菊名句。

### 花卉传情

　　自古以来，中国民间就有春天折梅赠远、秋天采莲怀人的传统习俗。

　　现在在云南西双版纳地区，哈尼族青年男女仍用花束象征"情书"。小伙子先送一束鲜花给姑娘，然后姑娘回送一束。如果小伙子收到的花是单数，表示姑娘还没有恋人；如果是双数，则表示她已有男朋友或拒绝求爱。

# 神奇的植物之最

植物是一个大家族，目前这个大家族中共有30多万个成员。在地球的演变和生物的进化过程中，植物起到了极其重要的作用。没有植物提供的氧气，地球也不会如此生机勃勃。在这个庞大的植物王国中，几乎每一种植物都有自己的秘密。那么，你了解哪些神奇的植物之最呢？

## 最大的种子

世界上最大的种子是复椰子树的种子。复椰子树高15～30米。复椰子果实里的种子就像是两个椰子合在一起，中间有条沟，长约50厘米。复椰子的果实也像椰子一样，外果皮由海绵状纤维组成，除去这层纤维就看见了有硬壳的种子。

## 植物界最大的家族

被子植物是当今植物界中种类最多、分布最广的植物类群，数量庞大，是植物界中高等的类群，与人类关系密切。被子植物有根、茎、叶、花、果实和种子，而花是被子植物独具的主要特征，所以也称有花植物。全世界有300～500科被子植物，超过植物总数的一半，大多数科分布在热带，2/3的种限于热带或其邻近地区。

## 最高大的树

美国加利福尼亚州红杉树国家公园内红杉树数以千计，其中有一棵北美红杉名叫"亥伯龙"，又高又大，是树木中的"巨人"，截至2019年，树高已超过116米，是世界上最高的树。

大根乃拉草

## 捕食最快的食肉植物

　　水生狸藻类植物利用吸水性囊捕捉昆虫、小型甲壳类动物甚至小蝌蚪，它们的捕食囊一般是绿色或黄绿色的，可以将这些小生物吸入囊中，并消化吸收。它们一般生长在湿地、池塘或淡水中。有一种南狸藻的诱捕时间只有 5.2 毫秒，但 9 毫秒是更常见的时间。

　　陆地上捕食最快的食肉植物是南澳大利亚的橡子茅膏菜，它的"触须"使它能在 75 毫秒内捕捉到苍蝇或蚂蚁等小昆虫。这些快速移动的触须能将昆虫弹射到较短的触须上，较短的触须上覆盖着一种类似胶水的物质，于是昆虫就被粘住了，之后被送到橡子茅膏菜的中心去消化。

## 最大的叶子

　　生长在智利森林里的大根乃拉草，它的叶子很大。一片叶子能把三个并排骑马的人，连人带马都遮盖住。当人们野营的时候，有三片这样的大叶子就足够盖一个四人住的帐篷了。

　　有一种叫王莲的水生植物，它的叶子圆圆的，铺在水面上，直径有 2 米多。叶子向阳的一面是淡绿色的，非常光滑；背阳的一面是土红色的，密布着粗壮的叶脉和刺毛，看起来非常结实。王莲叶子的边缘向上卷起，就像一只浮在水面上的大平底锅。

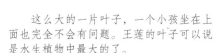

通过捕食囊吸入昆虫，可以让它们饱餐一顿！

　　这么大的一片叶子，一个小孩坐在上面也完全不会有问题。王莲的叶子可以说是水生植物中最大的了。

看它们像不像又大又圆的平底锅？

图书在版编目（CIP）数据

我爱你中国：走遍祖国 / 日知图书编著.— 长春：
北方妇女儿童出版社，2024.2（2024.7重印）
（少年游学）
ISBN 978-7-5585-8096-3

Ⅰ.①我… Ⅱ.①日… Ⅲ.①自然地理－中国－青少
年读物 Ⅳ.①P942-49

中国国家版本馆CIP数据核字(2023)第228940号

少年游学

# 我爱你中国：走遍祖国

SHAONIAN YOUXUE　WO AI NI ZHONGGUO　ZOUBIAN ZUGUO

| | |
|---|---|
| 出 版 人 | 师晓晖 |
| 策 划 人 | 师晓晖 |
| 责任编辑 | 李绍伟 |
| 整体制作 | 北京日知图书有限公司 |
| 开　　本 | 710mm×880mm　1/16 |
| 印　　张 | 6 |
| 字　　数 | 100千字 |
| 版　　次 | 2024年2月第1版 |
| 印　　次 | 2024年7月第4次印刷 |
| 印　　刷 | 天津市光明印务有限公司 |
| 出　　版 | 北方妇女儿童出版社 |
| 发　　行 | 北方妇女儿童出版社 |
| 地　　址 | 长春市福祉大路5788号 |
| 电　　话 | 总编办：0431-81629600 |
| | 发行科：0431-81629633 |
| 定　　价 | 34.00元 |